中国博士后科学基金资助出版

基于网络的时滞系统分布式滤波与故障检测

王申全 著

科学出版社

北京

内 容 简 介

　　本书在介绍故障检测和分布式故障检测概念体系的基础上，讨论基于网络的离散 T-S 模糊时滞系统和切换时滞系统的故障检测问题，提出新颖的故障检测和控制器协同诊断策略。同时将上述理论方法推广至有损传感器网络下的离散时滞系统，提出分布式滤波和分布式故障检测技术。

　　本书适合故障检测与诊断、时滞系统稳定性和分布式滤波等相关领域科技人员参考使用，也可作为高校相关专业的研究生教材。

图书在版编目(CIP)数据

基于网络的时滞系统分布式滤波与故障检测/王申全著. —北京: 科学出版社, 2021.9

(博士后文库)

ISBN 978-7-03-069813-1

Ⅰ.①基… Ⅱ.①王… Ⅲ.①计算机网络-时滞系统-故障检测 Ⅳ.①TP393

中国版本图书馆 CIP 数据核字 (2021) 第 184909 号

责任编辑: 魏英杰 / 责任校对: 王 瑞
责任印制: 吴兆东 / 封面设计: 陈 敬

科学出版社 出版
北京东黄城根北街 16 号
邮政编码: 100717
http://www.sciencep.com
北京中石油彩色印刷有限责任公司 印刷
科学出版社发行 各地新华书店经销
*
2021 年 9 月第 一 版 开本: 720 × 1000 B5
2022 年 11 月第二次印刷 印张: 10 1/4
字数: 203 000

定价: 98.00 元
(如有印装质量问题, 我社负责调换)

《博士后文库》编委会名单

《博士后文库》序言

1985 年，在李政道先生的倡议和邓小平同志的亲自关怀下，我国建立了博士后制度，同时设立了博士后科学基金。30 多年来，在党和国家的高度重视下，在社会各方面的关心和支持下，博士后制度为我国培养了一大批青年高层次创新人才。在这一过程中，博士后科学基金发挥了不可替代的独特作用。

博士后科学基金是中国特色博士后制度的重要组成部分，专门用于资助博士后研究人员开展创新探索。博士后科学基金的资助，对正处于独立科研生涯起步阶段的博士后研究人员来说，适逢其时，有利于培养他们独立的科研人格、在选题方面的竞争意识以及负责的精神，是他们独立从事科研工作的"第一桶金"。尽管博士后科学基金资助金额不大，但对博士后青年创新人才的培养和激励作用不可估量。四两拨千斤，博士后科学基金有效地推动了博士后研究人员迅速成长为高水平的研究人才，"小基金发挥了大作用"。

在博士后科学基金的资助下，博士后研究人员的优秀学术成果不断涌现。2013年，为提高博士后科学基金的资助效益，中国博士后科学基金会联合科学出版社开展了博士后优秀学术专著出版资助工作，通过专家评审遴选出优秀的博士后学术著作，收入《博士后文库》，由博士后科学基金资助、科学出版社出版。我们希望，借此打造专属于博士后学术创新的旗舰图书品牌，激励博士后研究人员潜心科研，扎实治学，提升博士后优秀学术成果的社会影响力。

2015 年，国务院办公厅印发了《关于改革完善博士后制度的意见》（国办发〔2015〕87 号），将"实施自然科学、人文社会科学优秀博士后论著出版支持计划"作为"十三五"期间博士后工作的重要内容和提升博士后研究人员培养质量的重要手段，这更加凸显了出版资助工作的意义。我相信，我们提供的这个出版资助平台将对博士后研究人员激发创新智慧、凝聚创新力量发挥独特的作用，促使博士后研究人员的创新成果更好地服务于创新驱动发展战略和创新型国家的建设。

祝愿广大博士后研究人员在博士后科学基金的资助下早日成长为栋梁之才，为实现中华民族伟大复兴的中国梦做出更大的贡献。

中国博士后科学基金会理事长

前　　言

随着现代经济的快速发展及工业系统规模的不断扩大，系统一旦发生故障，将造成巨大的经济损失。为保证系统安全可靠地运行，需要及时对故障进行检测和排除。因此，不断研究和探索故障检测的新理论和新方法，加强故障检测与隔离技术在复杂工业过程中的应用和推广，对现代工业生产具有十分重要的意义。

目前针对故障检测技术的研究仅局限于单一传感器网络的故障检测方面，对网络环境下的闭环协同检测和分布式故障检测的研究却鲜有报道。一方面，鉴于传感器网络需要有强大的处理能力、存储能力及通信吞吐量等，同时容易受到外界环境的影响，以及软件和硬件的限制，因此传感器网络节点不可避免地会出现故障。另一方面，由于网络带宽受限或传输数据非常大等因素的影响，单一传感器网络的估计能力、容错性和鲁棒性都无法满足工作要求，迫切需要设计分布式结构的传感器网络，有效地协调传感器及其相邻传感器之间的耦合信息，合理分配结构复杂、资源有限的拓扑网络，为通过网络选择信息传递提供更多的自由度与灵活性。因此，研究基于网络的闭环协同检测策略和分布式故障检测的建模及设计方法具有十分重要的理论价值和广泛的应用前景。需要特别指出的是，由于网络自身带宽的限制，不可避免地会出现一些新问题，如网络诱导时滞、数据包丢失和量化等因素。上述问题的存在会导致网络系统性能的恶化，甚至不稳定，使传统的故障检测方法难以直接用于基于网络的控制系统中。为了保证基于网络的控制系统安全、可靠地运行，必须重新审视传统故障检测理论的研究方法，提出一种充分考虑网络传输信息特点的闭环协同检测和分布式故障检测策略显得势在必行。

众所周知，时滞现象在许多控制系统中普遍存在，如航空、航天、生物、生态、经济，以及各种工程系统。此外，数据在网络上的传输时间和控制器的运算时间也会导致闭环系统出现时滞现象。从数学的角度讲，在状态方程中，含有时滞的控制系统的特征方程是超越方程，属于无穷维系统，因此对时滞系统的研究在数学理论上是非常困难的。从工程的角度讲，因为时滞的存在，被控量不能及时反映控制信号的动作，获得的被控量反映的是滞后的控制信息。当系统受到干扰或发生故障时，无法及时通过输出得到干扰或故障信息，因此很难及时对干扰或故障进行控制或处理。系统常会出现根据输出而设计的控制作用滞后，不但会降低控制系统的性能，而且会使系统变得不稳定。为了解决时滞系统的上述困难，以及时滞带来的不利影响，提高系统的可靠性和安全性，对时滞系统开展故障检测研究具有重要的理论价值和实际意义。

　　本书在网络环境下研究离散时滞系统的鲁棒故障检测与分布式故障检测和滤波问题。该研究的目的是探求网络环境下，诱导时滞与数据包丢失行为特点，针对基于网络的离散时滞系统，建立一套完整、有效的鲁棒故障检测新理论和新方法，提出新型闭环协同检测和分布式鲁棒故障检测滤波器结构，建立诱导时滞和数据包丢失情况下，鲁棒故障检测动态系统数学模型的理论描述，寻求有效的稳定性理论分析、高性能的故障检测滤波器和控制器协同策略，以及分布式鲁棒故障滤波器设计方法，解决诱导时滞和数据丢包引起的数据不完整给分布式鲁棒故障检测滤波器设计带来的困难，提高系统检测性能。

　　本书是作者参与完成国家自然科学基金项目、中国博士后科学基金研究成果的系统总结。

　　限于作者水平，书中难免存在不妥之处，恳请读者批评指正。

作　者

目　　录

第 1 章 绪 论

1.1 研究目的和意义

随着航空、航天、核工业、机器人等现代科学技术和民用工业领域技术的飞速发展，系统的规模和复杂程度迅速增大、功能越来越完善、自动化水平也越来越高。由于上述现代化设备结构的复杂性及长时间大功率、高负荷的连续工作，随着时间的推移和内外部条件的变化，不可避免地会出现元器件故障。若出现故障而不能及时检测和排除，轻则可能造成整个系统失效、瘫痪，重则造成人员、财产的巨大损失，甚至是灾难性后果。

所有这一切使人们清晰地认识到大型复杂工业过程，以及航空、航天等高科技领域引入故障检测与诊断 (fault detection and diagnosis, FDD) 和容错控制 (fault tolerant control, FTC) 的重要性。例如，在核工业领域，英国能源公司 2007 年 12 月发现哈特尔普尔的一个气冷反应堆的石墨砖出现裂缝，随后又发现兰开夏的另外 6 个反应堆的石墨砖也存在裂缝。这些气冷反应堆以天然铀为燃料，石墨作为慢化剂，二氧化碳作为冷却剂。采用故障诊断技术后，位于反应堆核心的石墨砖通过放慢高速运行中子的速度维持核反应，同时维持反应堆核心结构的完整性，避免核泄漏的发生。在航空、航天领域，1975 年 4 月 5 日，苏联发射联盟 18A 号飞船，准备与礼炮 4 号对接，火箭第 3 级点火不久，因制导系统发生故障，飞船在空中翻滚，并偏离预定轨道。地面控制中心发出应急救生指令，使火箭紧急关机，用逃逸装置将飞船和运载火箭分离，航天员按应急方案返回，避免了重大经济损失和人员伤亡。在此背景下，FDD 和 FTC 技术被推到了科技发展的前沿位置，为提高系统的可靠性与安全性开辟了一个新途径。

1.2 故障检测技术综述

1.2.1 故障检测技术发展概述

国际自动控制联合会 (International Federation of Automatic Control, IFAC) 安全过程技术委员会定义故障为系统至少一个参数或特性偏离了正常范围。当系统发生故障时，系统中全部或部分的参变量表现出与正常状态不同的特性。这种差异包含着丰富的故障信息。故障诊断的任务是对系统故障的特征进行描述，并利用这种描述去检测和隔离故障。

一般来说，FDD 方法按照冗余概念可分为硬件冗余的 FDD 和解析冗余的 FDD。硬件冗余常用于多个冗余部件完成同一功能。在硬件冗余中，常用的方法[1] 有交互频道监控方法、奇偶校验残差生成方法和信号处理方法。硬件冗余在提高系统安全性和可靠性的同时也带来了一些不足，如增加系统的成本、结构、重量和空间。因此，在航空、航天、武器装备等系统中，硬件冗余技术受到限制。对大型复杂系统来说，全部采用硬件冗余也是不现实的，因此基于解析冗余的 FDD 技术应运而生。解析冗余 FDD 是利用系统数学模型，通过估计技术获取冗余信息，形成残差，然后对残差信息加以处理，最终得到系统的故障信息。一般来说，基于解析冗余的 FDD 技术可分为基于模型的定量方法和定性方法。基于模型的定量方法[1]，如基于观测器的方法，使用精确的数学模型和控制理论产生残差。基于模型的定性方法大多采用人工智能技术[1]，如模式识别，通过观测行为和模型预测的差异判断是否产生故障。基于解析冗余的 FDD 技术不需要额外的增加硬件冗余，具有成本低、易于工程实现等优点，同时可以克服硬件冗余 FDD 技术的诸多不足，因此成为 FDD 领域的主流研究方法。

基于解析冗余的 FDD 技术源于 1971 年美国麻省理工学院 Beard[2] 发表的博士论文。他首先提出用解析冗余代替硬件冗余，并通过系统自组织使系统闭环稳定，通过比较观测器的输出得到系统故障信息的思想，标志着故障诊断技术的开端。随后，国内外在该方面开展了大量研究。文献 [3]基于解析冗余的故障诊断方法，设计了鲁棒故障检测系统，实现了故障的有效检测与隔离。Frank 等[4] 和 Patton 等[5] 于 1997 年分别在 *Journal of Process Control* 和 *Control Engineering Practice* 发表了两篇基于解析模型的故障检测和隔离 (fault detection and isolation, FDI) 方面的综述性文章。Chen 等[6] 于 1999 年出版基于模型的 FDD 学术著作。Frank 等将故障诊断方法划分为：基于解析模型的方法、基于知识的方法和基于信号处理的方法。Ding[7] 对残差生成、残差评价、阈值计算，以及故障检测、隔离和辨识方法等进行了详细论述。我国对控制系统故障诊断的研究相对较晚，与国外研究还有差距。1985 年，叶银忠等[8] 发表故障诊断技术方面的综述文章。1994 年，周东华等[9] 出版 FDD 技术方面的著作。随后几年又有相关方面的学术专著出版[10,11]。近些年来，针对如何提高检测系统对建模误差、扰动和噪声等未知输入的鲁棒性问题，以及对故障的灵敏度问题引起越来越多学者的关注。例如，Zhong 等[12,13] 采用参考模型方法和鲁棒控制技术[14]，提出基于模型匹配的观测器残差生成方法。经过二十几年的发展，FDD 技术得到飞速的发展，特别是随着线性矩阵不等式 (linear matrix inequality, LMI) 技术[15] 的出现，涌现出大批优秀的研究成果[16-26]。

作为自动控制领域的一个重要分支，故障检测技术得到国际自动控制领域的高度重视。在国际上，1993 年，IFAC 技术过程故障诊断与安全性技术委员会成立。在国内，自动化学会于 1997 年成立故障诊断与安全性专业委员会。

控制系统 FDD 是一门应用型边缘交叉学科。它的基础理论涉及现代控制论、数理统计、最优控制、人工智能、信号处理、模式识别等学科，同时与智能控制、鲁棒控制及自适应控制等也有密切联系。由于 FDD 和 FTC 技术具有较强的交叉性，因此随着相关学科的发展，产生大量行之有效的方法，并成功应用于化工过程、核电站、航空航天工程、电力系统、汽车系统等领域[1]。

1.2.2 故障检测技术的国内外研究现状

控制系统的各个基本组成环节都可能发生故障，而且发生的故障也是各种各样的。根据系统特征描述和决策方法的差异，形成了多种不同的故障诊断方法。概括地讲，FDD 方法可分为基于数据和基于模型两种。基于数据的方法主要依赖历史过程数据，如主元分析方法 (principal component analysis, PCA)、部分最小二乘方法及统计模式分类等。这些方法都是基于历史数据提取统计特征，以达到故障诊断的目的。基于数据的故障诊断的缺点是故障的分离和估计比较困难，尤其不便于故障的在线诊断。基于模型的故障诊断方法利用系统精确的数学模型和可观测输入输出量构造残差信号，反映系统的期望行为与实际运行模式之间的不一致，然后对残差信号进行分析诊断。基于模型的方法能够充分地利用系统内部深层信息，有利于对故障的隔离和辨识。因此，基于模型的故障诊断方法得到广泛应用和更多关注。

一般而言，基于解析模型的 FDD 包括两个阶段。

① 残差生成阶段。利用系统的数学模型构造一个或一组能反映故障向量的函数。

② 残差评价与决策阶段。根据生成的残差序列，利用适当的决策函数和决策规则确定发生故障的类型和时间等，找出故障源。

基于模型的诊断方法根据残差产生的形式，可以分为参数估计方法、状态估计方法、等价空间方法和鲁棒故障诊断方法。

① 参数估计方法。1997 年，Isermann 等[27]对基于参数估计的故障诊断方法作出了完整的描述。该方法的基本思想：由机理分析确定系统的模型参数和物理元器件参数间的关系方程，实时辨识求得系统的实际模型参数，并由关系方程求解实际物理元器件参数，将其与标称值比较，得到系统是否发生故障与故障的程度。参数估计方法的缺陷是实时性相对较差，通过模型参数并不一定能求得物理参数。在实际应用中，人们经常将参数估计方法与其他基于解析模型的方法结合使用，以便获得更好的故障检测和分离性能。

② 状态估计方法。1971 年，Beard[2]首先提出故障检测滤波器 (fault detection filter, FDF) 的概念，标志着基于状态估计的故障诊断方法诞生。该方法的

基本思想是重构被控过程状态，通过与可测变量比较构成残差序列，采用适当的模型并结合统计检验法，从残差序列中将故障检测出来，并做进一步地分离、估计与决策。基于状态估计的故障诊断方法主要包括观测器方法[12,13,28]和滤波器方法[18,19,22-24]。文献 [18]，[19] 分别针对离散及连续切换时滞系统，基于滤波器方法，实现有效故障检测的目的。文献 [22]，[23] 针对 T–S 模糊系统，设计了鲁棒故障检测滤波器 (robust fault detection filter, RFDF)。文献 [25]，[26] 针对网络化切换系统及带有离散和分布式时滞的切换非线性系统研究了故障检测和故障估计问题。在能够获得系统精确数学模型的情况下，状态估计方法是直接有效的，但在实际中往往很难满足。因此，对状态估计方法的研究主要集中在提高检测系统对建模误差、扰动和噪声等未知输入的鲁棒性及系统对于早期故障的灵敏度上。

③ 等价空间方法。1984 年，Chow 等[3] 提出等价空间方法。该方法的基本思想是利用系统输入输出的实际测量值检验系统数学模型的等价性，进行检测和分离故障。等价空间法是一种无阈值方法，需要较多的冗余信息，因此当被测量变量个数较多时，计算量会显著增大。该方法特别适用于维数较低的被测变量的冗余测量信号的优劣判别，因此适用于较多冗余测量信号系统的故障诊断。

④ 鲁棒故障诊断方法。所谓鲁棒性是指系统具有的某一种性能品质对于具有不确定性系统集的所有成员均成立。因此，鲁棒故障诊断方法致力于使残差对各种不确定因素有较强的鲁棒性 (不敏感)，同时对故障也有较高的敏感性。鲁棒故障检测是目前故障检测领域的热点，国内外学者在该领域开展了许多研究工作[12,13,16-24]。已有的鲁棒故障诊断技术还存在不足之处，例如现有的鲁棒故障检测方法常假定故障是一个非零的时间函数，加在输入或者输出通道上表示执行器或者传感器故障，在系统存在干扰影响时，故障必须足够大才能检测出来，而对于故障幅值很小的微小故障，却很难被检测到。

上述四种方法虽然是独立发展起来的，但它们并不孤立，而是存在一定的关系。例如，参数估计方法与其他三种方法往往结合起来使用，实现故障检测。等价空间方法与状态估计方法在结构上是等价的，而参数估计方法产生的残差包含在观测器方法得到的残差中，二者在本质上是互补的。等价空间方法仅适用于时滞系统、不确定线性时不变系统，而参数估计方法比状态估计方法更适合于非线性系统。总之，现有的 FDD 方法都有其优缺点和适用的对象系统，需要根据实际情况和具体问题选择合适的故障诊断方法。

1.3 时滞系统稳定性研究概述

时滞的存在会导致系统性能下降甚至不稳定，因此针对时滞系统的研究引起学者的广泛关注[29-66]。此外，数据在网络控制系统 (networked control systems, NCS) 中的传输和控制器的运算也会导致闭环系统出现时滞。本节首先概述 NCS 的基本问题，然后给出时滞系统稳定性研究的国内外研究现状。

1.3.1 网络控制系统结构及基本问题

NCS 采用实时网络构成反馈控制系统[67-69]。典型的 NCS 结构如图 1.1所示。

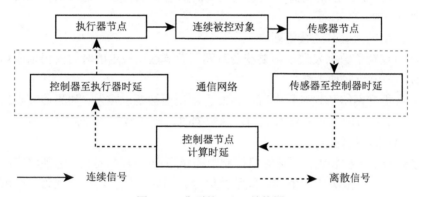

图 1.1 典型的 NCS 结构图

NCS 具有降低系统布线、易诊断、易维护，增加系统灵活性等优点，广泛应用于传感器网络、交通和飞行器中。然而，将网络引入控制系统中，也会带来许多新的问题。例如，NCS 利用通信网络作为传输媒介，不可避免地存在网络诱导时延[70-74]、数据包丢失[75-82]和测量量化[83,84]等问题，导致传统的控制方法难以直接应用到 NCS 中，因此必须重新审视传统控制理论方法，充分考虑网络传输信息特点，对 NCS 的建模、系统分析，以及设计进行深入的研究。NCS 主要影响因素可概括为以下几个方面。

(1) 网络诱导时延

在 NCS 中，信息传送要分时复用网络通信线路，而网络的承载能力和通信带宽有限，必然造成信息的冲撞、重传等，这使信息在传输过程中不可避免地出现时延。这种由网络使 NCS 信息在传输过程中产生的时间延迟称为网络诱导时延。该类时延包括从传感器到控制器之间的时延 τ^{sc}，控制器到执行器之间的通信时滞 τ^{ca} 及计算时滞 τ^{c}。一般情况下，计算时延 τ^{c} 相比于 τ^{sc} 与 τ^{ca} 可以忽略不计，因此本书着重考虑 τ^{sc} 与 τ^{ca} 对系统的影响。网络诱导时延由于受到通信协议、网络当时的负荷状况、网络的传输速率和信息包的大小等诸多因素的影响，呈现出或固定或随机、有界或无界的特征。上述时延会导致控制系统性能下降，甚至不稳定。数据在网络上的传输导致闭环系统出现时延现象，所以 NCS 可以看成典型的时滞系统，即利用输入时滞方法[85]，将数字控制律表示成输入时滞系统。

(2) 数据包丢失

丢包问题是 NCS 中的特有现象。在通信理论研究中，网络都具备重新传输的机制。这种机制可以保证信息最大可能地完整传输。但是，通信理论中的重传机制对控制系统来讲是不可行的，这是因为一个控制系统不能长时间地处于开环状态。因此，丢掉旧的信息，重新发送新的信息更加合理。造成数据包丢失的原因主要有三个。

① 网络的阻塞和连接中断。

② 节点竞争数据发送权需要花费时间，当节点在规定的时间内仍未成功发送数据时，则该数据被丢弃。

③ 数据在网络传输过程中可能会发生错误而被要求重发，如果该节点的数据在规定的重发时间内仍然没有成功发送数据时，则该数据包被丢弃。

(3) 测量量化问题

量化器是一种装置，如计算机控制中的 A/D 或 D/A 转换，它能将实际信号转换成一个在有限集中取值的分段常数信号。因此，量化器也可视为一个编码器或者解码器。1956 年，Kalman 提出，如果一个镇定控制器的输入输出信号经过有限列表量化器量化后，整个系统有可能产生极限环或者混沌现象。由于 NCS 的信号传递媒介依赖通信网络，而通信网络所传递的信号以数字信号为主，因此量化精度问题在大多数情况下是不容忽视的。目前，针对测量量化的研究大多是转化为扇区不确定性，然后获得保证该系统稳定的充分条件。

(4) 其他相关的基本问题

NCS 在传输过程中取决于网络节点的各传感器所处的地理距离或控制网络中传输的数据包容量，所以产生了单包传输和多包传输方式。多包传输时，由于节点冲突、网络阻塞和连接中断等，多个数据包不可能同时到达，这将增加接收端数据处理时间，从而间接的增加网络诱导时延。节点的传输方式不同，系统的分析与设计方法将有所不同。除此之外，任何通信网络的信道带宽都是有限的，作为时间触发策略的另一种选择，事件触发机制的滤波和控制不仅可以保证控制系统的性能，还可以减少通信负担。事件触发机制的显著特征在于测量传输和控制任务只有在违背事件触发条件时才被执行，因此对于 NCS，如何在有限带宽下，设计基于事件触发的控制策略，保证整个系统的动态性能也是一个很有实际意义的课题。

1.3.2 时滞系统稳定性研究现状

实践证明，时滞的存在常常是造成各类控制工程系统不稳定的主要因素，因此对时滞系统的研究受到人们的广泛关注[29-66]。

总体来说，时滞系统的稳定性研究方法可分为时域方法和频域方法。频域方法的主要思想是通过分析特征方程根的分布或复 Lyapunov 矩阵函数方程的解来判断系统的稳定性。由于时滞系统的特征方程为超越方程，求解特别困难，尤其是当系统存在不确定性，以及时变时滞时更难求解，因此对时滞稳定性将主要采用时域研究方法。根据其稳定性条件是否依赖时滞，研究方法可以分为时滞独立[29,30]和时滞依赖[33-66]两种。在时滞系统早期的研究中，稳定性条件大都是时滞独立的，即在研究时滞系统时不考虑时滞对系统的影响。时滞独立稳定性方法相对简单，适合大时滞情况。但当时滞比较小时，上述时滞独立的稳定性方法保守性比较大。与之相对应的是时滞依赖条件，由于考虑时滞对系统性能的影响，因此其保守性相对于时滞独立方法要小得多。

在降低时滞依赖稳定性结果的保守性方面，主要有两种方法。

① 构建合适的 L-K (Lyapunov-Krasovskii) 泛函。

② 选择保守性更小的积分不等式估计 L-K 泛函的导函数。

在 L-K 泛函构建方面，早期的研究主要通过引入时滞的单积分和双积分项来构建 L-K 泛函，之后在该方面主要有如下四种方法。

① 时滞分解方法。文献 [42]～[44] 把整个积分区域分为若干个小区域，在时滞部分用若干个小的区间分项累加来代替整个区间的积分项，实现时滞分解的 L-K 泛函构建。

② 增广状态的 L-K 泛函。L-K 泛函中包括更多的状态量，如当前状态量、延迟的状态量、积分状态量等。文献 [55]～[60] 用扩展的二次项构造新的 L-K 泛函，获得保证系统稳定的充分条件。

③ 带有三重积分的 L-K 泛函。自从三重积分项被证明有助于降低时滞系统稳定性条件的保守性后，文献 [66] 利用扩展的三重积分项构建 L-K 泛函，获得了保守性更小的时滞模糊系统的稳定性条件。

④ 输入-输出方法。该方法的核心思想是将原始系统通过二项近似转变成反馈互连子系统，其中包含一个常数时滞前馈子系统和时滞不确定性的反馈子系统。然后，通过标度小增益 (scaled small gain, SSG) 定理来处理子系统的稳定性。该方法可以大大降低原始系统稳定性结果的保守性。文献 [63] 和 [64] 利用此方法，对离散时滞 T-S 模糊系统分别设计滤波器和控制器。文献 [82] 和 [84] 对带有时变时滞和多包丢失的离散 T-S 模糊网络系统，利用输入-输出方法，分别研究故障检测、控制器和滤波器的协同设计问题。

　　在 L-K 泛函导函数估计方面，虽然构建的 L-K 泛函有多种多样，但都包含一个共同的积分项 $\int_{-h}^{0}\int_{t+\theta}^{t}\dot{x}^{\mathrm{T}}(s)R\dot{x}(s)\mathrm{d}s\mathrm{d}\theta$，其导数为 $h\dot{x}^{\mathrm{T}}(t)R\dot{x}(t)-\int_{t-h}^{t}\dot{x}^{\mathrm{T}}(s)$ $\cdot R\dot{x}(s)\mathrm{d}s$。早期的文献一般直接忽略 $-\int_{t-h}^{t}\dot{x}^{\mathrm{T}}(s)R\dot{x}(s)\mathrm{d}s$ 的影响，给稳定性结果造成很大的保守性。为了获得保守性更小的稳定性结果，研究者做了大量的研究工作。例如，早期 Jensen 积分不等式[31] 将上述积分项的估计表示为 $-\int_{t-h}^{t}\dot{x}^{\mathrm{T}}(s)$ $R\dot{x}(s)\mathrm{d}s\leqslant-\dfrac{1}{h}\big(x(t)-x(t-h)\big)^{\mathrm{T}}R\big(x(t)-x(t-h)\big)$。He 等[33] 在 2004 年提出自由权矩阵 (free weighting matrices, FWM) 来估计上述积分项。该方法的主要思想是根据 Leibniz–Newton 公式，引入未知的自由权矩阵并加入 Lyapunov 泛函的导数中，相应的最优值可以通过 LMI 获得。该方法可以克服采用固定权矩阵的保守性，但随着自由变量的增加，也会导致计算负担的增大。2011 年，Park 等[40] 提出凸组合技术，将二次型的积分项近似为积分量二次型凸组合的形式，然后利用 Jensen 不等式降低决策变量的个数，获得稳定性条件。该方法不但降低了稳定性条件的保守性，而且未引入额外的松弛变量，引起了学者的广泛关注[58,59,65,66]。文献 [47] 推广了此方法，提出二次凸组合技术。2013 年，文献 [54] 对 Jensen 不等式进行扩展，提出 Wirtinger-based 积分不等式 $-\int_{t-h}^{t}\dot{x}^{\mathrm{T}}(s)R\dot{x}(s)\mathrm{d}s\leqslant-\dfrac{1}{h}\xi^{\mathrm{T}}(t)\bar{R}\xi(t)$，其中 $\xi^{\mathrm{T}}(t)=\left[x^{\mathrm{T}}(t)-x^{\mathrm{T}}(t-h),x^{\mathrm{T}}(t)+x^{\mathrm{T}}(t-h)-\dfrac{2}{h}\int_{t-h}^{t}x^{\mathrm{T}}(s)\mathrm{d}s\right]$，$\bar{R}=\mathrm{diag}\{R,3R\}$。

上述 Wirtinger-based 积分不等式相比 Jensen 不等式能够大幅度降低稳定性结果的保守性。2015 年，文献 [55] 提出基于自由矩阵积分不等式 (free-matrix-based integral inequality, FMBI)，将积分项的估计表示成 $-\int_{t-h}^{t}\dot{x}^{\mathrm{T}}(s)R\dot{x}(s)\mathrm{d}s\leqslant h\zeta_0^{\mathrm{T}}$ $(\dfrac{3LR^{-1}L^{\mathrm{T}}+MR^{-1}M^{\mathrm{T}}}{3})\zeta_0+\mathrm{sym}\big(\zeta_0^{\mathrm{T}}L\zeta_1+\zeta_0^{\mathrm{T}}M\zeta_2\big)$，其中 $\zeta_0=\left[x^{\mathrm{T}}(t),\quad x^{\mathrm{T}}(t-h),\right.$ $\left.\int_{t-h}^{t}\dfrac{x^{\mathrm{T}}(s)}{h}\mathrm{d}s\right]^{\mathrm{T}}$，$\zeta_1=x^{\mathrm{T}}(t)-x^{\mathrm{T}}(t-h)$，$\zeta_2=x^{\mathrm{T}}(t)+x^{\mathrm{T}}(t-h)-\dfrac{2}{h}\int_{t-h}^{t}x^{\mathrm{T}}(s)\mathrm{d}s$。FMBI 虽然能够很好地降低稳定性结果的保守性，但会使变量个数大幅增加。2017 年，文献 [56] 提出更一般的基于自由矩阵积分不等式 (generalized free-matrix-based integral inequality, GFMBI) 方法，将 FMBI 中的 ζ_0 变成任意向量，使 FMBI 适用范围更广，获得了保守性更小的稳定性结果。

　　近年来，针对时滞系统的研究不断涌现，其中的稳定性分析[29–53,55–66]、H_∞ 控制[73,77–80]、控制器设计[70,74]、滤波器设计[71,72,81,83]、FDD[82,84,86–90] 等问题引起许多学者的关注和广泛研究，成为控制理论的一个热点问题。

1.4 时滞系统故障检测概述

1.4.1 时滞系统故障检测国内外研究现状

由于时滞的广泛应用背景，时滞系统的故障检测与 FTC 也受到广泛关注。

在时滞系统故障检测方面，国内外学者开展了许多研究工作[16-19,23,28,82,84,86-90]。文献 [16] 针对具有扰动不确定的时滞系统，通过对系统传递函数输入输出通道的组合变换，引入一种能够同时体现残差对扰动信号鲁棒性和对故障信号灵敏性的性能指标，设计了 RFDF。文献 [18], [19] 在任意切换信号下，针对一类切换时滞系统，设计了故障检测滤波器。文献 [28] 提出无时滞转换方法，将带有测量时滞和控制时滞系统转化为形式上不含时滞的系统，解决了该类时滞系统的故障诊断问题。文献 [23] 针对带有随机混合时滞和数据包丢失的 T–S 模糊系统，设计了 RFDF。文献 [89], [90] 针对带有时变时滞和中立性时滞系统，利用几何方法，引入有限未知观测子空间概念，研究时滞系统故障检测和隔离问题。文献 [91]~ [93] 针对诸如 H_-/H_∞、H_2/H_∞ 和 H_∞/H_∞ 等鲁棒故障检测问题给出了最优解。这是频域线性时不变系统结果的一个推广。

目前，针对 RFDF 的设计大多采用点对点的设计方案。该方案布线复杂、成本高，并且诊断和维护比较困难，越来越不适合用于在较大地理范围内开展的高技术领域产业，如空间搜索、水下环境监控、传感器网络系统等[67-69]。因此，将 RFDF 通过一个通信网络来远程控制，即利用基于网络的鲁棒故障检测技术更符合实际情况。在 NCS 故障检测方面，相关学者也进行了积极的探索[94-108]。文献 [94] 考虑了一类长时延 NCS，假定在控制时延和数据包丢失条件下对其进行故障检测。文献 [96] 针对一类带有离散状态时滞 NCS，利用一类新的测量模型，设计了 FDF。文献 [106] 针对带有数据包丢失和离散无穷分布式时滞 NCS，设计了基于观测器的 FDF。不同于上述开环故障检测设计策略，文献 [76], [84], [87] 针对一类带有时滞和数据包丢失的 NCS，提出闭环故障检测策略，协同设计了 FDF 和控制器，提高了设计的自由度和灵活性。

时滞系统的故障检测技术在过去的十几年里得到飞速发展，一些新的理论与方法得到成功应用。但是，该领域的理论研究中还有许多问题尚未完全解决，仍然是热门的研究领域。考虑通信网络中的诱导时滞和数据包丢失等实际因素，研究和选择保守性更小的时滞界处理技术，设计 FDF 来提高控制系统性能并及时有效地检测故障是本书的主要工作。

1.4.2   时滞系统分布式故障检测国内外研究现状

分布式故障检测是基于分布式传感器网络实现的。典型的分布式传感器网络通过各个网络节点之间的信息协调合作实现感知、计算和无线通信功能[109]。在分布式传感器网络的实际系统状态空间模型中，系统的状态往往不能直接测量得到，需要利用系统的输入输出信息来重构系统的状态向量，或估计系统状态向量的某个线性组合，这就需要设计分布式滤波器或估计器估计系统的状态。文献 [109] 设计了一个分布式 Kalman 滤波器，利用平均一致性指标，使传感器网络的节点跟踪 n 个传感器测量的平均值。然而，Kalman 滤波器仅适用于白噪声或具有已知谱密度的噪声序列，同时具有易发散等缺点，而 H_∞ 滤波恰好能够克服上述 Kalman 滤波的缺点，因此分布式 H_∞ 滤波方法备受关注[110-116]。文献 [113] 针对具有多个测量丢失的传感器网络，在有限域范围内设计了分布式 H_∞ 一致性滤波器。文献 [114], [115] 针对带有数据包丢失的有损传感器网络，研究分布式 H_∞ 一致性滤波问题。然而，针对分布式鲁棒故障检测滤波器 (distributed robust fault detection filter, DRFDF) 的研究才刚刚起步，与集中式估计和传统的分散估计相比，DRFDF 中的每个传感器不但能够收到其本身的信息，而且可以利用传感器网络的拓扑结构收到与其相邻的传感器信息。这就减少，甚至消除了信息传递与处理的难度、复杂度与不准确性，同时具有可估计能力强、鲁棒性和容错能力高等优点，具有广泛的理论研究价值和实际应用背景[117-121]。文献 [117] 针对一类线性离散系统，利用多智能体一致性思想[122]，将故障检测动态系统等效转化为多时滞系统，设计了分布式鲁棒故障估计器进行故障检测。文献 [120], [121]，针对一类异构多智能体系统，设计自调节 FDF 和故障估计器，实现及时检测故障的目的。

然而，上述分布式故障检测研究方法都未考虑实际网络中诸如数据包丢失、诱导时滞和量化等受限条件，限制了其在实际中的应用。为了大幅提高通信资源利用的效率，基于事件触发的通信机制提供了一种有效的方法来生成零星的任务执行，即只有当特定的事件发生时才发送数据 (如某一信号超过规定的阈值)，因此研究基于事件触发机制的分布式滤波和故障检测技术技术具有重要的价值。文献 [123], [124] 分别针对有损传感器网络下离散时滞系统和带有通信时延的传感器网络，研究基于事件触发的分布式 H_∞ 一致性滤波问题。文献 [125], [126] 研究了基于事件触发机制的故障检测问题。在设计 DFDF 时，如何有效的协调传感器和其相邻的传感器之间的复杂耦合信息相对比较困难。为了提高 NCS 的可靠性和安全性并实现网络资源的优化，探讨非理想网络下事件触发机制的分布式滤波和故障检测技术具有重要的理论和应用意义。

参 考 文 献

[1] Hwang I, Kim S, Kim Y, et al. A survey of fault detection, isolation, and reconfi-guration methods. IEEE Transactions on Control Systems Technology, 2010, 18(3): 636–653.

[2] Beard R V. Failure accommodation in linear systems through self-reorganization. Cambridge: Massachusetts Institute of Technology, 1971.

[3] Chow E, Willsky A S. Analytical redundancy and the design of robust failure detection systems. IEEE Transactions on Automatic Control, 1984, 29(7): 603–614.

[4] Frank P M, Ding S X. Survey of robust residual generation and evaluation methods in observer-based fault detection systems. Journal of Process Control, 1997, 7(6): 403–424.

[5] Patton R J, Chen J. Observer-based fault detection and isolation: robustness and applications. Control Engineering Practice, 1997, 5(5): 671–682.

[6] Chen J, Patton R J. Robust Model-Based Fault Diagnosis for Dynamics Systems. Boston: Kluwer Academic Publishers, 1999.

[7] Ding S X. Model-Based Fault Diagnosis Techniques-Design Schemes, Algorithms and Tools. Berlin: Springer, 2008.

[8] 叶银忠, 潘日芳, 蒋慰孙. 动态系统的故障检测与诊断方法 (综述). 信息与控制, 1985, 6: 27–34.

[9] 周东华, 孙优贤. 控制系统的故障检测与诊断技术. 北京: 清华大学出版社, 1994.

[10] 周东华, 叶银忠. 现代故障诊断与容错控制. 北京: 清华大学出版社, 2000.

[11] 姜斌, 冒泽慧, 杨浩, 等. 控制系统的故障诊断与故障调节. 北京: 国防工业出版社, 2009.

[12] Zhong M Y, Ding S X, Lam J, et al. An LMI approach to design robust fault detection filter for uncertain LTI systems. Automatica, 2003, 39(3): 543–550.

[13] Zhong M Y, Ye H, Shi P, et al. Fault detection for Markovian jump systems. IEE Proceedings-Control Theory and Applications, 2005, 152(4): 397–402.

[14] Zhou K M, Doyle J C, Glover K, et al. Robust and Optimal Control. Upper Saddle River: Prentice Hall, 1996.

[15] Boyd S, Ghaoui L E, Feron E, et al. Linear Matrix Inequalities in System and Control Theory. Philadelphia: SIAM, 1994.

[16] Bai L S, Tian Z H, Shi S J. Design of robust fault detection filter for linear uncertain time-delay systems. ISA Transactions, 2006, 45(4): 491–502.

[17] Yang G H, Wang H. Fault detection for a class of uncertain state-feedback control systems. IEEE Transactions on Control Systems Technology, 2010, 18(1): 201–212.

[18] Wang D, Wang W, Shi P. Robust fault detection for switched linear systems with state delays. IEEE Transactions on Systems, Man, and Cybernetics, Part B: Cybernetics, 2009, 39(3): 800–805.

[19] Wang D, Shi P, Wang W. Robust fault detection for continuous-time switched delay systems: an linear matrix inequality approach. IET Control Theory and Applications, 2010, 4(1): 100–108.

[20] Zhang D, Yu L, Wang Q. Fault detection for a class of nonlinear network based systems with communication constraints and random packet dropouts. International Journal of Adaptive Control and Signal Processing, 2011, 25(10): 876–898.

[21] Zhang D, Wang Q, Yu L, et al. Fuzzy-model-based fault detection for a class of nonlinear systems with networked measurements. IEEE Transactions on Instrumentation and Measurement, 2013, 62(12): 3418–3159.

[22] Zhao Y, Lam J, Gao H J. Fault detection for fuzzy systems with intermittent measurements. IEEE Transactions on Fuzzy Systems, 2009, 17(2): 398–410.

[23] Dong H L, Wang Z D, Lam J, et al. Fuzzy-model-based robust fault detection with stochastic mixed time delays and successive packet dropouts. IEEE Transactions on Systems Man and Cybernetics, Part B: Cybernetics, 2012, 42(2): 365–376.

[24] Nguang S K, Shi P, Ding S X. Fault detection for uncertain fuzzy systems: an LMI approach. IEEE Transactions on Fuzzy Systems, 2007, 15(6): 1251–1262.

[25] 董朝阳, 马奥佳, 王青, 等. 网络化切换控制系统故障检测与优化设计. 控制与决策, 2016, 31(2): 233–241.

[26] Park J H, Mathiyalagan K, Sakthivel R. Fault estimation for discrete-time switched nonlinear systems with discrete and distributed delays. International Journal of Robust and Nonlinear Control, 2016, 26(17): 3755–3771.

[27] Isermann R, Balle P. Trends in the application of model-based fault detection and diagnosis of technical processes. Control Engineering Practice, 1997, 5(5): 709–719.

[28] 李娟. 时滞系统基于观测器的故障诊断和容错方法研究. 青岛: 中国海洋大学, 2008.

[29] Gu K. Discretized LMI set in the stability problem for linear uncertain time-delay systems. International Journal of Control, 1997, 68(4): 923–934.

[30] Moon Y S, Park P, Kwon W H, et al. Delay-dependent robust stabilization of uncertain state-delayed systems. International Journal of Control, 2001, 74(14): 1447–1455.

[31] Gu K Q. An integral inequality in the stability problem of time-delay systems//Proceedings of the 39th IEEE Conference on Decision and Control, Sydney, 2000: 2805–2810.

[32] Gu K Q, Kharitonov V L, Chen J. Stability of Time-Delay Systems. Berlin: Springer, 2003.

[33] Wu M, He Y, She J H, et al. Delay-dependent criteria for robust stability of time-varying delay systems. Automatica, 2004, 40(8): 1435–1439.

[34] He Y, Wang Q G, Lin C, et al. Delay-range-dependent stability for systems with time-varying delay. Automatica, 2007, 43(2): 371–376.

[35] He Y, Wang Q G, Xie L H, et al. Further improvement of free-weighting matrices technique for systems with time-varying delay. IEEE Transactions on Automatic Control, 2007, 52(2): 293–299.

[36] Shao H Y. New delay-dependent stability criteria for systems with interval delay. Automatica, 2009, 45(3): 744–749.

[37] Shao H Y, Han Q L. New stability criteria for linear discrete-time systems with interval-like time-varying delays. IEEE Transactions on Automatic Control, 2011, 56(3): 619–625.

[38] Peng C, Tian Y C. Delay-dependent robust stability criteria for uncertain systems with interval time-varying delay. Journal of Computational and Applied Mathematics, 2008, 214(2): 480–494.

[39] Park P, Ko J W. Stability and robust stability for systems with a time-varying delay. Automatica, 2007, 43(10): 1855–1858.

[40] Park P, Ko J W, Jeong C. Reciprocally convex approach to stability of systems with time-varying delays. Automatica, 2011, 47(1): 235–238.

[41] Zhang B Y, Xu S Y, Zou Y. Improved stability criterion and its applications in delayed controller design for discrete-time systems. Automatica, 2008, 44(11): 2963–2967.

[42] Han Q L. A discrete delay decomposition approach to stability of linear retarded and neutral systems. Automatica, 2009, 45(2): 517–524.

[43] Meng X Y, Lam J, Du B Z, et al. A delay-partitioning approach to the stability analysis of discrete-time systems. Automatica, 2010, 46(3): 610–614.

[44] Zhao Y, Gao H J, Lam J, et al. Stability and stabilization of delayed T-S fuzzy systems: a delay partitioning approach. IEEE Transactions on Fuzzy Systems, 2009, 17(4): 750–762.

[45] Liu J, Zhang J. Note on stability of discrete-time time-varying delay systems. IET Control Theory and Applications, 2012, 6(2): 335-339.

[46] Gao H J, Chen T W. New results on stability of discrete-time systems with time-varying state delay. IEEE Transactions on Automatic Control, 2007, 52(2): 328–334.

[47] Kim J H. Note on stability of linear systems with time-varying delay. Automatica, 2011, 47(9): 2118–2121.

[48] Xia Y Q, Liu G P, Shi P, et al. New stability and stabilization conditions for systems with time-delay. International Journal of Systems Science, 2007, 38(1): 17–24.

[49] Zhu X L, Yang G H. New results of stability analysis for systems with time-varying delay. International Journal of Robust and Nonlinear Control, 2010, 20(5): 596–606.

[50] Jiang X F, Han Q L, Yu X H. Stability criteria for linear discrete-time systems with interval-like time-varying delay//Proceedings of the American Control Conference, Portland, 2005: 2817–2822.

[51] Fridman E, Shaked U. Input-output approach to stability and L_2-gain analysis of systems with time-varying delays. Systems and Control Letters, 2006, 55(12): 1041–1053.

[52] Gu K Q, Zhang Y S, Xu S Y. Small gain problem in coupled differential-difference equations, time-varying delays, and direct Lyapunov method. International Journal of Robust and Nonlinear Control, 2011, 21(4): 429–451.

[53] Li X W, Gao H J. A new model transformation of discrete-time systems with time-varying delay and its application to stability analysis. IEEE Transactions on Automatic Control, 2011, 56(9): 2172–2178.

[54] Seuret A, Gouaisbaut F. Wirtinger-based integral inequality: application to time-delay systems. Automatica, 2013, 49: 2860–2866.

[55] Zeng H B, He Y, Wu M, et al. Free-matrix-based integral inequality for stability analysis of systems with time-varying delay. IEEE Transactions on Automatic Control, 2015, 60(10): 2768–2772.

[56] Zhang C K, He Y, Jiang L, et al. Delay-dependent stability analysis of neural networks with time-varying delay: a generalized free-weighting-matrix approach. Applied Mathematics and Computation, 2017, 294: 102–120.

[57] Lee T H, Park J H, Xu S Y. Relaxed conditions for stability of time-varying delay systems. Automatica, 2017, 75: 11–15.

[58] Zhang C K, He Y, Jiang L, et al. An improved summation inequality to discrete-time systems with time-varying delay. Automatica, 2016, 74: 10–15.

[59] Liu K, Seuret A, Xia Y. Stability analysis of systems with time-varying delays via the second-order Bessel-Legendre inequality. Automatica, 2017, 76: 138–142.

[60] Trinh H. New finite-sum inequalities with applications to stability of discrete time-delay systems. Automatica, 2016, 71: 197–201.

[61] Wu L G, Su X J, Shi P, et al. A new approach to stability analysis and stabilization of discrete-time T-S fuzzy time-varying delay systems. IEEE Transactions on Systems Man and Cybernetics, Part B: Cybernetics, 2011, 41(1): 273–286.

[62] Wu L G, Su X J, Shi P, et al. Model approximation for discrete-time state-delay systems in the T-S fuzzy framework. IEEE Transactions on Fuzzy Systems, 2011, 19(2): 366–378.

[63] Su X J, Shi P, Wu L G, et al. A novel approach to filter design for T-S fuzzy discrete-time systems with time-varying delay. IEEE Transactions on Fuzzy Systems, 2012, 20(6): 1114–1129.

[64] Su X J, Shi P, Wu L G, et al. A novel control design on discrete-time Takagi-Sugeno fuzzy systems with time-varying delays. IEEE Transactions on Fuzzy Systems, 2013, 21(4): 655–671.

[65] Park M J, Kwon O M. Stability and stabilization of discrete-time T–S fuzzy systems with time-varying delay via Cauchy-Schwartz-based summation inequality. IEEE Transactions on Fuzzy Systems, 2016, 25(1): 128–140.

[66] Feng Z, Zheng W X. Improved stability condition for Takagi-Sugeno fuzzy systems with time-varying delay. IEEE Ttransactions on Cybernetics, 2017, 47(3): 661–670.

[67] Zhang W, Branicky M, Phillips S. Stability of networked control systems. IEEE Control Systems Magazine, 2001, 21(1): 84–99.

[68] Yang T C. Networked control systems: a brief survey. IEE Proceedings Control Theory and Applications, 2006, 153(4): 403–412.

[69] Zhang D, Shi P, Wang Q, et al. Analysis and synthesis of networked control systems: a survey of recent advances and challenges. ISA Transactions, 2017, 66: 376–392.

[70] Yang R N, Shi P, Liu G P, et al. Network-based feedback control for systems with mixed delays based on quantization and dropout compensation. Automatica, 2011, 47(12): 2805–2809.

[71] Jiang B, Mao Z H, Shi P. H_∞ filter design for a class of networked control systems via T-S fuzzy-model approach. IEEE Transactions on Fuzzy Systems, 2010, 18(1): 201–208.

[72] Lin C, Wang Z, Yang F. Observer-based networked control for continuous-time systems with random sensor delays. Automatica, 2009, 45(2): 578–584.

[73] Jiang X F, Han Q L, Liu S R, et al. A new H_∞ stabilization criterion for networked control systems. IEEE Transactions on Automatic Control, 2008, 53(4): 1025–1032.

[74] Jiang X F, Han Q L. On designing fuzzy controllers for a class of nonlinear networked control systems. IEEE Transactions on Fuzzy Systems, 2008, 16(4): 1050–1060.

[75] Sahebsara M, Chen T W, Shah S L. Optimal H_∞ filtering in networked control systems with multiple packet dropouts. Systems Control Letters, 2008, 57(9): 696–702.

[76] Feng J, Wang S Q, Zhao Q. Closed-loop design of fault detection for networked non-linear systems with mixed delays and packet losses. IET Control Theory and Applications, 2013, 7(6): 858–868.

[77] Li J G, Yuan J Q, Lu J G. Observer-based H_∞ control for networked nonlinear systems with random packet losses. ISA Transactions, 2010, 49(1): 39–46.

[78] Gao H J, Zhao Y, Chen T W. H_∞ fuzzy control of nonlinear systems under unreliable communication links. IEEE Transactions on Fuzzy Systems, 2009, 17(2): 265–278.

[79] Wang Z D, Yang F W, Ho D W C, et al. Robust H_∞ control for networked systems with random packet losses. IEEE Transactions on Systems Man and Cybernetics, Part B: Cybernetics, 2007, 37(4): 916–924.

[80] Dong H L, Wang Z D, Gao H J. Observer-based H_∞ control for systems with repeated scalar nonlinearities and multiple packet losses. International Journal of Robust and Nonlinear Control, 2010, 20(12): 1363–1378.

[81] Wei G L, Wang Z D, Shu H S. Robust filtering with stochastic nonlinearities and multiple missing measurements. Automatica, 2009, 45(3): 836–841.

[82] Wang S, Feng J, Jiang Y. Input-output method to fault detection for discretetime fuzzy networked systems with time-varying delay and multiple packet losses. International Journal of Systems Science, 2016, 47(7): 1495–1513.

[83] Zhang C Z, Feng G, Gao H J, et al. H_∞ filtering for nonlinear discrete-time systems subject to quantization and packet dropouts. IEEE Transactions on Fuzzy Systems, 2011, 19(2): 353–365.

[84]　Wang S, Jiang Y, Li Y, et al. Fault detection and control co-design for discrete-time delayed fuzzy networked control systems subject to quantization and multiple packet dropouts. Fuzzy Sets and Systems, 2017, 306: 1–25.

[85]　Fridman E, Seuret A, Richard J P. Robust sampled-data stabilization of linear systems: an input delay approach. Automatica, 2004, 40(8): 1441–1446.

[86]　王申全. 时滞系统的鲁棒故障检测与容错控制方法研究. 沈阳：东北大学, 2014.

[87]　王申全, 王越男, 庞基越, 等. 基于网络的离散切换时滞系统故障检测和控制器协同设计. 控制与决策, 2017, 32(10): 1810–1816.

[88]　Wang S, Jiang Y, Li Y. Distributed H_∞ consensus fault detection for uncertain T-S fuzzy systems with time-varying delays over lossy sensor networks. Asian Journal of Control, 2018, 20(6): 2171–2184.

[89]　Meskin N, Khorasani K. Robust fault detection and isolation of time-delay systems using a geometric approach. Automatica, 2009, 45(6): 1567–1573.

[90]　Meskin N, Khorasani K. Fault detection and isolation of distributed time-delay systems. IEEE Transactions on Automatic Control, 2009, 54(11): 2680–2685.

[91]　Li X B, Zhou K M. A time domain approach to robust fault detection of linear time-varying systems. Automatica, 2009, 45(1): 94–102.

[92]　Wang J L, Yang G H, Liu J. An LMI approach to H_- index and mixed H_-/H_∞ fault detection observer design. Automatica, 2007, 43(9): 1656–1665.

[93]　Khosrowjerdi M J, Nikoukhah R, Safari-Shad N. Fault detection in a mixed H_2/H_∞ setting. IEEE Transactions on Automatic Control, 2005, 53(7): 1063–1068.

[94]　张捷, 薄煜明, 吕明. 存在时延和数据包丢失的网络控制系统故障检测. 控制与决策, 2011, 26(6): 933–939.

[95]　Sauter D, Li S B, Aubrun C. Robust fault diagnosis of networked control systems. International Journal of Adaptive Control and Signal Process, 2009, 23(8): 722–736.

[96]　He X, Wang Z D, Ji Y D, et al. Network-based fault detection for discrete-time state-delay systems: a new measurement model. International Journal of Adaptive Control and Signal Process, 2008, 22(5): 510–528.

[97]　霍志红. 网络化控制系统故障诊断与容错控制. 北京: 中国水利水电出版社, 2009.

[98]　Fang H J, Ye H, Zhong M Y. Fault diagnosis of networked control systems. Annual Reviews in Control, 2007, 31(1): 55–68.

[99]　Wang Y Q, Ye H, Ding S X, et al. Residual generation and evaluation of networked control systems subject to random packet dropout. Automatica, 2009, 45(10): 2427–2434.

[100]　Wang Y Q, Ding S X, Ye H, et al. A new fault detection scheme for networked control systems subject to uncertain time-varying delay. IEEE Transactions on Signal Processing, 2008, 56(10): 5258–5268.

[101]　He X, Wang Z D, Zhou D H. Robust fault detection for networked systems with communication delay and data missing. Automatica, 2009, 45(11): 2634–2639.

[102] Li J, Tang G Y. Fault diagnosis for networked control systems with delayed measurements and inputs. IET Control Theory and Applications, 2010, 4(6): 1047–1054.

[103] Peng C, Yue D, Tian E G, et al. Observer-based fault detection for networked control systems with network quality of services. Applied Mathematical Modelling, 2010, 34(6): 1653–1661.

[104] Mao Z H, Jiang B, Shi P. Protocol and fault detection design for nonlinear networked control systems. IEEE Transactions on Circuits and Systems, 2009, 56(3): 255–259.

[105] Mao Z H, Jiang B, Shi P. Fault detection for a class of nonlinear networked control systems. International Journal of Adaptive Control and Signal Processing, 2010, 24(7): 610–622.

[106] Wan X B, Fang H J, Fu S. Observer-based fault detection for networked discrete-time infinite-distributed delay systems with packet dropouts. Applied Mathematical Modelling, 2012, 36(1): 270–278.

[107] Zheng Y, Fang H J, Wang H O. Takagi-Sugeno fuzzy-model-based fault detection for networked control systems with Markov delays. IEEE Transactions on Systems, Man, and Cybernetics, Part B: Cybernetics, 2006, 36(4): 924–929.

[108] He X, Wang Z D, Ji Y D, et al. Robust fault detection for networked systems with distributed sensors. IEEE Transactions on Aerospace and Electronic Systems, 2011, 47(1): 166–177.

[109] Olfati-Saber R. Distributed Kalman filtering for sensor networks//Proceedings of the 46th IEEE Conference on Decision and Control, 2007: 5492–5498.

[110] Shen B, Wang Z, Liu X. A stochastic sampled-data approach to distributed H_∞ filtering in sensor networks. IEEE Transactions on Circuits and Systems, 2011, 58(9): 2237–2246.

[111] Zhang D, Cai W, Xie L, et al. Nonfragile distributed filtering for T-S fuzzy systems in sensor networks. IEEE Transactions on Fuzzy Systems, 2015, 23(5): 1883–1890.

[112] Zhang D, Yu L, Zhang W. Energy efficient distributed filtering for a class of nonlinear systems in sensor networks. IEEE Sensors Journal, 2015, 15(5): 3026–3036.

[113] Shen B, Wang Z, Hung Y S. Distributed H_∞-consensus filtering in sensor networks with multiple missing measurements: the finite-horizon case. Automatica, 2010, 46(10): 1682–1688.

[114] Dong H, Wang Z, Gao H. Distributed H_∞ filtering for a class of Markovian jump nonlinear time-delay systems over lossy sensor networks. IEEE Transactions on Industrial Electronics, 2013, 60(10): 4665–4672.

[115] Dong H, Wang Z, Lam J, et al. Distributed filtering in sensor networks with randomly occurring saturations and successive packet dropouts. International Journal of Robust and Nonlinear Control, 2014, 24(12): 1743–1759.

[116] Su X, Wu L, Shi P. Sensor networks with random link failures: distributed filtering for T-S fuzzy systems. IEEE Transactions on Industrial Informatics, 2013, 9(3): 1739–1750.

[117] Jiang Y, Liu J, Wang S. A consensus-based multi-agent approach for estimation in robust fault detection. ISA Transactions, 2014, 53(5): 1562–1568.

[118] Davoodi M, Meskin N, Khorasani K. Simultaneous fault detection and consensus control design for a network of multi-agent systems. Automatica, 2016, 66: 185–194.

[119] Davoodi M, Khorasani K, Talebi H, et al. Distributed fault detection and isolation filter design for a network of heterogeneous multiagent systems. IEEE Transactions on Control Systems Technology, 2014, 22(3): 1061–1069.

[120] Zhang K, Jiang B, Cocquempot V. Adaptive technique-based distributed fault estimation observer design for multi-agent systems with directed graphs. IET Control Theory and Applications, 2015, 9(18): 2619–2625.

[121] Zhang K, Jiang B, Shi P. Adjustable parameter-based distributed fault estimation observer design for multiagent systems with directed graphs. IEEE Transactions on Cybernetics, 2017, 47(2): 306–314.

[122] Millán P, Orihuela L, Vivas C, et al. Distributed consensus-based estimation considering network induced delays and dropouts. Automatica, 2012, 48(10): 2726–2729.

[123] Wang S, Wang Y, Jiang Y, et al. Event-triggered based distributed H_∞ consensus filtering for discrete-time delayed systems over lossy sensor network. Transactions of the Institute of Measurement and Control, 2018, 40(9): 2740–2747.

[124] Ge X, Han Q L. Distributed event-triggered H_∞ filtering over sensor networks with communication delays. Information Sciences, 2015, 291: 128–142.

[125] Li H, Chen Z, Wu L, et al. Event-triggered fault detection of nonlinear networked systems. IEEE Transactions on Cybernetics, 2017, 47(4): 1041–1052.

[126] Davoodi M, Meskin N, Khorasani K. Event-triggered multi-objective control and fault diagnosis: a unified framework. IEEE Transactions on Industrial Informatics, 2017, 13(1): 298–311.

第 2 章　带有时变时滞和多包丢失的离散 T–S 模糊网络系统故障检测

本章研究一类带有时变时滞和多包丢失的离散 T–S 模糊网络系统故障检测问题。假设被控对象到模糊故障检测滤波器 (fuzzy fault detection filter, FFDF) 间的通信连接存在数据包丢失，且丢失概率在间隔 [0, 1] 满足特定概率密度分布。离散时间模糊网络系统应用输入–输出和二项近似方法转化为互联的两个子系统。对允许的数据包丢失条件，故障检测动态系统是输入输出均方稳定的，且满足期望的 H_∞ 性能。通过构建一个新的 Lyapunov 函数，获得 FFDF 存在的充分条件，相应的 FDF 增益的可解性条件利用锥补线性化迭代算法转化为凸优化问题。仿真结果验证了所提控制方案的有效性。

2.1　引　　言

由于现代科学技术对安全性和可靠性提出了更高要求，因此故障检测和隔离问题一直是控制领域的研究热点[1,2]。基于模型的故障检测方法具有成本低、易实现等优点，成为 FDD 领域的主流研究方法。基于模型的故障检测技术的基本思想是利用状态观测器或滤波器构建残差信号，并与预设的阈值进行比较。当残差信号超过预设阈值时，故障就可以被检测出来。近几年，基于模型的故障检测方法被广泛应用于动态系统，取得许多有价值的成果。例如，文献 [3]～ [7] 分别对线性时不变系统、马尔可夫跳变线性系统、切换系统，以及 NCS 设计了 FDF。

需要特别指出的是，上述文献都是对线性系统模型的故障检测。然而，许多实际物理系统往往都是非线性的。因为 T–S 模糊模型可以在任意的紧集范围内逼近光滑非线性系统，所以针对非线性 T–S 模糊系统的研究受到广泛关注。其基本思想是将输入空间划分为模糊子空间，并在每个子空间建立线性系统模型，通过模糊隶属函数实现局部模型的光滑连接构成非线性系统的模糊模型[8,9]。此外，由于时滞现象在许多控制系统中是普遍存在的，因此人们对时滞模糊系统进行了广泛研究，如稳定性问题[10,11]、故障检测[12-14]、H_∞ 控制和滤波器设计[15-17]。在针对时滞模糊系统的研究方面，如何设计保守性更小的 FDF 存在的稳定性条件是学者追求的目标，并涌现了很多优秀的方法，如 Jensen 不等式[18-21]、自由权矩阵[22]、凸组合[23]、时滞分解方法[24] 和输入–输出方法[25-28]。

在过去的十几年, 随着通信技术的发展, 现代工业控制系统中的被控对象、传感器、控制器和执行器间一般通过网络传输信息, 基于网络的控制普遍被认为是一个存在挑战和机遇的研究领域[29]。由于连接到网络的很多设备都要发送数据包, 而通信介质是分时复用的, 只有等到网络空闲或设备的优先级相对较高时数据包才能发送出去。这就不可避免地会产生控制环路的通信延迟, 甚至数据包丢失, 使控制系统性能下降或不稳定。目前的文献往往采用满足伯努利分布的随机变量表示不可靠的通信连接, 同时假设所有的传感器丢包概率是相同的, 而这样的假设在实际过程中往往是不恰当的。因此, 本章试图选择一种适合的数据包丢失模型, 采用输入–输出方法设计保守性更小的 FDF, 及时有效地检测故障的发生。

2.2   问 题 描 述

考虑如下离散时滞 T–S 模糊系统。

被控对象规则 i: IF $\theta_1(k)$ 是 η_{i1} 和 $\theta_2(k)$ 是 η_{i2} 和 $\cdots$ 和 $\theta_p(k)$ 是 η_{ip}, THEN

$$\begin{cases} x(k+1) = (A_i + \triangle A_i(k))x(k) + (A_{\tau i} + \triangle A_{\tau i}(k))x(k - \tau(k)) \\ \qquad\quad + E_i w(k) + F_i f(k) \\ y(k) = C_i x(k) + D_i w(k) \\ x(k) = \phi(k), \quad k = -\tau_2, -\tau_2 + 1, \cdots, 0 \end{cases} \tag{2.1}$$

其中, $x(k) \in \mathbf{R}^n$ 为状态向量; $w(k) \in \mathbf{R}^q$ 为扰动输入且属于 $l_2[0, \infty)$; $f(k) \in \mathbf{R}^l$ 为待检测故障; $y(k) \in \mathbf{R}^p$ 为测量输出向量; $A_i, A_{\tau i}, C_i, D_i, E_i, F_i$ 为恰当维数的常值向量; $\phi(k)$ 为给定的初始条件; $\theta(k) = [\theta_1(k), \theta_2(k), \cdots, \theta_p(k)]$ 为前提变量; η_{ij} 为模糊集合, $i = 1, 2, \cdots, r$ 是模糊规则个数; $\tau(k)$ 为时变时滞且满足 $\tau_1 \leqslant \tau(k) \leqslant \tau_2$, τ_1 和 τ_2 是已知时变时滞 $\tau(k)$ 的下界和上界; $\triangle A_i(k)$ 和 $\triangle A_{\tau i}(k)$ 为未知参数不确定性, 假设具有以下形式, 即

$$\left[\begin{array}{cc} \triangle A_i(k), & \triangle A_{\tau i}(k) \end{array}\right] = M_i \Sigma(k) \left[\begin{array}{cc} N_i, & N_{\tau i} \end{array}\right] \tag{2.2}$$

式中, $\Sigma(k)$ 为具有 Lebesgue 可测元素的未知时变矩阵函数, 满足

$$\Sigma^{\mathrm{T}}(k)\Sigma(k) \leqslant I \tag{2.3}$$

其中, $M_i \in \mathbf{R}^{n \times v}, N_i, N_{\tau i} \in \mathbf{R}^{v \times n}$ 为已知矩阵, 用于表示不确定性结构。

上述离散 T–S 模糊时滞系统可以用更紧凑的形式来表达，即

$$x(k+1) = \sum_{i=1}^{r} h_i(\theta(k))\big[(A_i + \triangle A_i(k))x(k) + (A_{\tau i} + \triangle A_{\tau i}(k))x(k-\tau(k))$$
$$+ E_i w(k) + F_i f(k)\big] \tag{2.4}$$
$$y(k) = \sum_{i=1}^{r} h_i(\theta(k))\big(C_i x(k) + D_i w(k)\big)$$

其中，$h_i(\theta(k))$ 为隶属度函数且满足 $h_i(\theta(k)) = \dfrac{\omega_i(\theta(k))}{\sum\limits_{i=1}^{r} \omega_i(\theta(k))}$；$\omega_i(\theta(k)) = \prod\limits_{j=1}^{p} \eta_{ij}$

$(\theta_j(k))$，$\eta_{ij}(\theta_j(k))$ 是 $\theta_j(k)$ 属于 η_{ij} 模糊集合中的隶属度，具有如下性质，即对于所有的 k，$\omega_i(\theta(k)) \geqslant 0$，$\sum\limits_{i=1}^{r} \omega_i(\theta(k)) > 0$。

可以看到，$h_i(\theta(k)) \geqslant 0$，$i = 1, 2, \cdots, r$ 且 $\sum\limits_{i=1}^{r} h_i(\theta(k)) = 1$。

带有多包丢失的 NCS 故障检测结构如图 2.1所示。非线性被控对象可表示成 T–S 模糊模型形式。因为被控对象和 FFDF 之间存在通信媒介，所以不可避免地会产生数据包丢失的现象。由于数据包丢失的存在，被控对象的测量输出不再与滤波器的输入等价，即 $y(k) \neq y_F(k)$。多包丢失模型可以描述为

$$y_F(k) = \sum_{i=1}^{r} h_i(\theta(k))\big(\Xi C_i x(k) + D_i w(k)\big)$$
$$= \sum_{i=1}^{r} h_i(\theta(k))\bigg(\sum_{m=1}^{p} \alpha_m \zeta_m C_i x(k) + D_i w(k)\bigg) \tag{2.5}$$

其中，$\Xi = \mathrm{diag}\{\alpha_1, \alpha_2, \cdots, \alpha_p\}$，$\alpha_m \in [0,1]$，$(m = 1, 2, \cdots, p)$ 是 p 个不相关的随机变量；$\zeta_m = \mathrm{diag}\{\underbrace{0, \cdots, 0}_{m-1}, 1, \underbrace{0, \cdots, 0}_{p-m}\}$。

假设 α_m 在 $[0,1]$ 满足概率密度函数 $p_m(\alpha_m)$，并且有期望 μ_m 和方差 ς_m^2。接下来，定义 $\bar{\Xi} = E\{\Xi\}$，$\tilde{\Xi} = \Xi - \bar{\Xi}$。

注释 2.1 在实际系统中，测量数据可能通过多个传感器和执行器发送数据。对于不同的执行器或传感器，数据包丢失概率是不同的。从这个意义上说，假设每个传感器/执行器的数据包丢失率满足个体概率分布是更合理的。在过去的十几年，人们针对网络数据包丢失开展了许多研究，并提出很多数据包丢失模型。其中研究最广泛的是伯努利分布模型，用 0 表示数据包完全丢失，1 表示完好无损。然而，由于存在传感器老化和传感器暂时失效等，数据包丢失的信息可能只是其中一部分，因此将丢失概率简单地表示成 0 或 1 是不恰当的。在式 (2.5)

中，矩阵 $\varXi$ 在 $[0, 1]$ 满足特定的离散概率分布，伯努利分布只作为本章的一个特例情况。此外，满足一定概率分布的随机变量也可以用来表示随机执行器故障的情况。

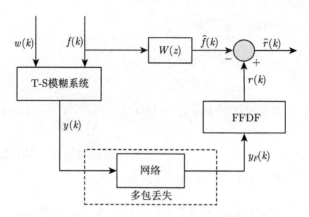

图 2.1　带有多包丢失的 NCS 故障检测结构

基于观测器的 FFDF 通过并行分布式补偿策略可以表示成以下形式。

滤波器规则 i: IF $\theta_1(k)$ 是 η_{i1} 和 $\theta_2(k)$ 是 η_{i2} 和 $\cdots$ 和 $\theta_p(k)$ 是 η_{ip}, THEN

$$\text{FFDF}: \begin{cases} \hat{x}(k+1) = A_i\hat{x}(k) + A_{\tau i}\hat{x}(k - \tau(k)) + L_i(y_F(k) - \hat{y}_F(k)) \\ r(k) = V_i(y_F(k) - \hat{y}_F(k)) \end{cases} \tag{2.6}$$

其中，$\hat{x}(k) \in \mathbf{R}^n$ 为系统 (2.1) 的状态估计；$r(k) \in \mathbf{R}^l$ 为残差信号；$L_i \in \mathbf{R}^{n \times p}$，$V_i \in \mathbf{R}^{l \times p}$ 为需要设计的滤波器参数；$\hat{y}_F(k) = \sum\limits_{i=1}^{r} h_i(\theta(k))\bar{\varXi}C_i\hat{x}(k)$。

为了方便讨论，做以下记号，即

$$A(h) = \sum_{i=1}^{r} h_i(\theta(k))A_i, \quad A_\tau(h) = \sum_{i=1}^{r} h_i(\theta(k))A_{\tau i}, \quad C(h) = \sum_{i=1}^{r} h_i(\theta(k))C_i$$

$$D(h) = \sum_{i=1}^{r} h_i(\theta(k))D_i, \quad E(h) = \sum_{i=1}^{r} h_i(\theta(k))E_i, \quad F(h) = \sum_{i=1}^{r} h_i(\theta(k))F_i$$

$$L(h) = \sum_{i=1}^{r} h_i(\theta(k))L_i, \quad V(h) = \sum_{i=1}^{r} h_i(\theta(k))V_i \tag{2.7}$$

为了实现故障检测，没有必要去估计真实故障 $f(k)$。一个更一般的情况是，将故障信号在特定的频率间隔内表示成如下加权故障的形式，即 $\hat{f}(z) = W(z)f(z)$，

其中 $W(z)$ 是给定的正定加权矩阵。最小化实现 $\hat{f}(z)$ 可以表示为

$$\bar{x}(k+1) = A_w\bar{x}(k) + B_w f(k)$$
$$\hat{f}(k) = C_w\bar{x}(k) + D_w f(k) \tag{2.8}$$

其中，$\bar{x}(k) \in \mathbf{R}^{\bar{n}}$ 为加权故障的状态；$\hat{f}(k) \in \mathbf{R}^l$ 为加权故障；A_w、B_w、C_w 和 D_w 为已知的常值矩阵。

本章的目标是设计的 FDF 使残差和加权故障间的误差尽可能得小。

注释 2.2 引入 $W(z)$ 的目的是使加权频率在故障信号的频谱范围内，更方便检测。同时，系统的性能也可得到改善。假设故障加权矩阵 $W(z) = I$，$\hat{f}(z)$ 就退化成 $\hat{f}(z) = f(z)$ 的特例情况。

定义如下变量，即

$$e(k) = x(k) - \hat{x}(k), \quad \hat{r}(k) = r(k) - \hat{f}(k) \tag{2.9}$$

根据式 (2.4)～ 式 (2.9)，可以得到整个故障检测的动态数学模型，即

$$(\mathcal{S}): \begin{cases} \xi(k+1) = (\bar{A}(h) + \triangle\bar{A}(h))\xi(k) + (\bar{A}_\tau(h) + \triangle\bar{A}_\tau(h))\xi(k-\tau(k)) \\ \qquad - \bar{L}(h)\tilde{\Xi}\bar{C}_1(h)\xi(k) + \bar{B}_1(h)v(k) \\ \hat{r}(k) = \bar{C}(h)\xi(k) + V(h)\tilde{\Xi}\bar{C}_1(h)\xi(k) + \bar{B}_2(h)v(k) \end{cases} \tag{2.10}$$

其中，$\bar{A}(h) = \begin{bmatrix} A(h) & 0 & 0 \\ 0 & A(h)-L(h)\bar{\Xi}C(h) & 0 \\ 0 & 0 & A_w \end{bmatrix}$；$\triangle\bar{A}(h) = \begin{bmatrix} \triangle A(h) & 0 & 0 \\ \triangle A(h) & 0 & 0 \\ 0 & 0 & 0 \end{bmatrix}$；

$\bar{A}_\tau(h) = \begin{bmatrix} A_\tau(h) & 0 & 0 \\ 0 & A_\tau(h) & 0 \\ 0 & 0 & 0 \end{bmatrix}$；$\triangle\bar{A}_\tau(h) = \begin{bmatrix} \triangle A_\tau(h) & 0 & 0 \\ \triangle A_\tau(h) & 0 & 0 \\ 0 & 0 & 0 \end{bmatrix}$；$\bar{L}(h) = \begin{bmatrix} 0 \\ L(h) \\ 0 \end{bmatrix}$；

$\bar{B}_1(h) = \begin{bmatrix} E(h) & F(h) \\ E(h)-L(h)D(h) & F(h) \\ 0 & B_w \end{bmatrix}$；$\xi(k) = \begin{bmatrix} x(k) \\ e(k) \\ \bar{x}(k) \end{bmatrix}$；$v(k) = \begin{bmatrix} w(k) \\ f(k) \end{bmatrix}$；

$\bar{C}(h) = \begin{bmatrix} 0, & V(h)\bar{\Xi}C(h), & -C_w \end{bmatrix}$；$\bar{C}_1(h) = \begin{bmatrix} C(h), & 0, & 0 \end{bmatrix}$；

$\bar{B}_2(h) = \begin{bmatrix} V(h)D(h), & -D_w \end{bmatrix}$。

在给定 FFDF 设计策略之前，首先给出以下定义。

定义 2.1 (H_∞ 故障检测滤波)　给定离散 T–S 时滞系统 (2.1)，整数 $\tau_2 > \tau_1 \geqslant 0$ 和 H_∞ 性能指标 $\gamma > 0$，设计的 FDF 增益 $L(h)$ 和 $V(h)$ 满足以下条件。

① 当 $v(k) = 0$ 时，FDF 系统 (2.10) 在零初始条件下是随机稳定的。

② 对于所有非零的 $v(k) \in l_2[0, \infty)$ 和预设的 γ，在零初始条件下满足如下 H_∞ 性能指标，即

$$E\Big\{ \sum_{k=0}^{+\infty} \| \hat{r}(k) \|^2 \Big\} < \gamma^2 E\Big\{ \sum_{k=0}^{+\infty} \|v(k)\|^2 \Big\} \tag{2.11}$$

定义 $\hat{v}(k) = \gamma v(k)$，则 H_∞ 性能指标 (2.11) 等价于下式，即

$$E\Big\{ \sum_{k=0}^{+\infty} \| \hat{r}(k) \|^2 \Big\} < E\Big\{ \sum_{k=0}^{+\infty} \|\hat{v}(k)\|^2 \Big\} \tag{2.12}$$

残差评价函数用来评估生成的残差。一个更广泛的方法是选择阈值和残差评价函数，本章使用如下评价函数，即

$$J_L(r) = E\{\| r(k) \|_{2,L}\} = E\Big\{ \Big(\sum_{k=l_0}^{l_0+L} r^{\mathrm{T}}(k)r(k) \Big)^{1/2} \Big\} \tag{2.13}$$

$$J_{\mathrm{th}} = \sup_{w \in l_2, f=0} E\{\| r(k) \|_{2,L}\} \tag{2.14}$$

其中，l_0 为初始时间值；L 为估计的时间窗长度。

给定残差评价函数和阈值后，选择如下残差决策标准，即

$$\begin{cases} J_L(r) > J_{\mathrm{th}} \Rightarrow \text{检测到故障} \Rightarrow \text{报警} \\ J_L(r) \leqslant J_{\mathrm{th}} \Rightarrow \text{没有故障发生} \end{cases} \tag{2.15}$$

在给定主要结论之前，首先介绍如下引理，作为推导后续定理的基础。

引理 2.1 (Schur 补引理[30])　对给定的对称矩阵 $S = \begin{bmatrix} S_{11} & S_{12} \\ * & S_{22} \end{bmatrix}$，以下三个条件是等价的，即

① $S < 0$。

② $S_{11} < 0$, $S_{22} - S_{12}^{\mathrm{T}} S_{11}^{-1} S_{12} < 0$。

③ $S_{22} < 0$, $S_{11} - S_{12} S_{22}^{-1} S_{12}^{\mathrm{T}} < 0$。

引理 2.2 (Jensen 不等式[18])　对于任意对称正定矩阵 $M \in \mathbf{R}^{n \times n}$，标量 r 和 r_0 满足 $r \geqslant r_0 \geqslant 1$，向量函数 $x(i) \in \mathbf{R}^n$，有如下积分不等式成立，即

$$\Big(\sum_{i=r_0}^{r} x(i) \Big)^{\mathrm{T}} M \Big(\sum_{i=r_0}^{r} x(i) \Big) \leqslant (r - r_0 + 1) \sum_{i=r_0}^{r} x^{\mathrm{T}}(i) M x(i)$$

2.3 离散 T–S 模糊网络系统的故障检测

本节首先介绍一类新的模型变换，将系统 (2.10) 转化为具有两个互联子系统 (2.16) 的形式。然后，通过输入–输出方法 (标度小增益定理)，分析系统 $\mathcal{S}$ 的输入–输出均方稳定性。最后，设计 FDF，及时有效地检测故障。

2.3.1 输入–输出方法

考虑如下形式的互连子系统，即

$$\begin{cases} \mathcal{S}_1 : \ \sigma(k) = \mathcal{G}\delta(k) \\ \mathcal{S}_2 : \ \delta(k) = \mathcal{T}\sigma(k) \end{cases} \tag{2.16}$$

其中，前馈 $\mathcal{S}_1$ 是已知的线性时不变系统，且具有从 $\delta(k)$ 映射到 $\sigma(k)$ 的算子 $\mathcal{G}$；反馈 $\mathcal{S}_2$ 是未知的时变系统，且具有 $\sigma(k)$ 映射到 $\delta(k)$ 的算子 $\mathcal{T} \in \aleph$，$\aleph$ 表示时变矩阵近似维的一个紧集，具有以下对角矩阵结构，即

$$\aleph \stackrel{\text{def}}{=} \text{diag}\{\lambda_1(k)I_n, \lambda_2(k)I_n, \cdots, \lambda_n(k)I_n\} \tag{2.17}$$

式中，$\lambda_i(k) \in \mathbf{R}$，$|\lambda_i(k)| \leqslant 1$，$i = 1, 2, \cdots, n$ 是重复标量的位置。

利用小增益定理的直接结果，可以获得互联系统 (2.16) 鲁棒渐近稳定的充分条件。

假设互联系统 $\mathcal{S}_1$ 是内稳定的，闭环互联子系统 (2.16) 对于所有的 $\mathcal{T} \in \aleph$，满足下式，即

$$\| \mathcal{K} \circ \mathcal{G} \circ \mathcal{K}^{-1} \|_\infty \times \| \mathcal{K}^{-1} \circ \mathcal{T} \circ \mathcal{K} \|_\infty < 1 \tag{2.18}$$

其中，$\mathcal{K} \stackrel{\text{def}}{=} \text{diag}\{\mathcal{K}_1, \mathcal{K}_2, \cdots, \mathcal{K}_n\}$。

在系统 (2.10) 中，$\tau(k)$ 为系统的时变时滞，可以看作系统的不确定。模型变换的主要目标是将所有不确定性从原系统中提取出来，转化为具有两个互联子系统 (2.16) 的形式，$\mathcal{S}_1$ 是线性时不变系统，$\mathcal{T}$ 包含所有的不确定性。

为了将不确定 $\tau(k)$ 从原系统中提取出来，首先将 $\xi(k - \tau(k))$ 改写为

$$\xi(k - \tau(k)) = \frac{1}{2}\big(\xi(k - \tau_1) + \xi(k - \tau_2)\big) + \frac{\tau_{12}}{2}\delta_d(k) \tag{2.19}$$

其中，$(1/2)(\xi(k - \tau_1) + \xi(k - \tau_2))$ 为 $\xi(k - \tau(k))$ 的近似；$(\tau_{12}/2)\delta_d(k)$ 为模型近似误差，$\tau_{12} = \tau_2 - \tau_1$。

根据式 (2.19)，故障检测动态系统 (2.10) 可表示为

$$\xi(k+1) = (\bar{A}(h) + \triangle\bar{A}(h))\xi(k) + \frac{1}{2}(\bar{A}_\tau(h) + \triangle\bar{A}_\tau(h))(\xi(k-\tau_1) + \xi(k-\tau_2))$$

$$+ \frac{\tau_{12}}{2}(\bar{A}_\tau(h) + \triangle\bar{A}_\tau(h))\delta_d(k) - \bar{L}(h)\tilde{\Xi}\bar{C}_1(h)\xi(k) + \gamma^{-1}\bar{B}_1(h)\hat{v}(k)$$

$$\tag{2.20}$$

定义 $\sigma_d(k) \overset{\text{def}}{=\!=} \xi(k+1) - \xi(k)$，容易获得下式，即

$$\delta_d(k) = \frac{2}{\tau_{12}}\Big[\xi(k-\tau(k)) - \frac{1}{2}\big(\xi(k-\tau_1) + \xi(k-\tau_2)\big)\Big]$$

$$= \frac{1}{\tau_{12}}\bigg(\sum_{i=k-\tau_2}^{k-\tau(k)-1}\sigma_d(i) - \sum_{i=k-\tau(k)}^{k-\tau_1-1}\sigma_d(i)\bigg)$$

$$= \frac{1}{\tau_{12}}\bigg(\sum_{i=k-\tau_2}^{k-\tau_1-1}\varphi(i)\sigma_d(i)\bigg) \tag{2.21}$$

其中

$$\varphi(i) \overset{\text{def}}{=\!=} \begin{cases} 1, & i \leqslant k - \tau(k) - 1 \\ -1, & i > k - \tau(k) - 1 \end{cases}$$

考虑从 $\sigma_d(k)$ 到 $\delta_d(k)$ 的算子 $\mathcal{T}_d$，即

$$\mathcal{T}_d : \sigma_d(k) \rightarrow \delta_d(k) = \frac{1}{\tau_{12}}\bigg(\sum_{i=k-\tau_2}^{k-\tau_1-1}\varphi(i)\sigma_d(i)\bigg) \tag{2.22}$$

由引理 2.3，可得 $\| \mathcal{T}_d \|_\infty \leqslant 1$。

引理 2.3　算子 $\mathcal{T}_d : \sigma_d(k) \rightarrow \delta_d(k)$ 满足 $\| \mathcal{T}_d \|_\infty \leqslant 1$。

证明　利用 Jensen 不等式，考虑式 (2.22) 中的算子 $\mathcal{T}_d$，在零初始条件下，可得下式，即

$$\| \delta_d(k) \|_2^2 = \frac{1}{\tau_{12}^2}\sum_{i=0}^{\infty}\bigg(\sum_{i=k-\tau_2}^{k-\tau_1-1}\varphi(i)\sigma_d^{\mathrm{T}}(i)\bigg)\bigg(\sum_{i=k-\tau_2}^{k-\tau_1-1}\varphi(i)\sigma_d(i)\bigg)$$

$$\leqslant \frac{1}{\tau_{12}^2}\sum_{i=0}^{\infty}\bigg[(\tau_2 - \tau_1)\sum_{i=k-\tau_2}^{k-\tau_1-1}\varphi^2(i)\sigma_d^{\mathrm{T}}(i)\sigma_d(i)\bigg]$$

$$= \frac{1}{\tau_{12}}\sum_{j=-\tau_2}^{-\tau_1-1}\sum_{i=0}^{\infty}\sigma_d^{\mathrm{T}}(i+j)\sigma_d(i+j)$$

$$\tag{2.23}$$

$$\leqslant \frac{1}{\tau_{12}} \sum_{j=-\tau_2}^{-\tau_1-1} \sum_{i=0}^{\infty} \sigma_d^{\mathrm{T}}(i)\sigma_d(i)$$

$$=\parallel \sigma_d(k) \parallel_2^2 \tag{2.24}$$

根据式 (2.24), 可得 $\parallel \mathcal{T}_d \parallel_\infty \leqslant 1$。

证毕.

同时, 引入

$$\sigma_\Sigma(k) = \bar{N}(h)\xi(k) + \frac{1}{2}\bar{N}_\tau(h)(\xi(k-\tau_1) + \xi(k-\tau_2)) + \frac{\tau_{12}}{2}\bar{N}_\tau(h)\delta_d(k)$$

$$\delta_\Sigma(k) = \Sigma(k)\sigma_\Sigma(k) \tag{2.25}$$

根据式 (2.25), 可提取不确定项 $\Delta\bar{A}(h)$ 和 $\Delta\bar{A}_\tau(h)$, 式 (2.20) 可简化为

$$\xi(k+1) = \bar{A}(h)\xi(k) + \frac{1}{2}\bar{A}_\tau(h)(\xi(k-\tau_1) + \xi(k-\tau_2)) + \frac{\tau_{12}}{2}\bar{A}_\tau(h)\delta_d(k)$$

$$+ \bar{M}(h)\delta_\Sigma(k) - \bar{L}(h)\tilde{\Xi}\bar{C}_1(h)\xi(k) + \gamma^{-1}\bar{B}_1(h)\hat{v}(k) \tag{2.26}$$

其中, $\bar{M}(h) = \left[\begin{array}{ccc} M^{\mathrm{T}}(h), & M^{\mathrm{T}}(h), & 0 \end{array}\right]^{\mathrm{T}}$; $\bar{N}(h) = \left[\begin{array}{ccc} N(h), & 0, & 0 \end{array}\right]$; $\bar{N}_\tau(h) = \left[\begin{array}{ccc} N_\tau(h), & 0, & 0 \end{array}\right]$。

利用输入–输出方法可将式 (2.26) 表示为

$$\mathcal{S}_1: \begin{bmatrix} \xi(k+1) \\ \sigma_d(k) \\ \sigma_\Sigma(k) \\ \hat{r}(k) \end{bmatrix} = \mathcal{G}\varpi(k) = \begin{bmatrix} \Phi_1 & \frac{\tau_{12}}{2}\bar{A}_\tau(h) & \bar{M}(h) & \gamma^{-1}\bar{B}_1(h) \\ \Phi_2 & \frac{\tau_{12}}{2}\bar{A}_\tau(h) & \bar{M}(h) & \gamma^{-1}\bar{B}_1(h) \\ \Phi_3 & \frac{\tau_{12}}{2}\bar{N}_\tau(h) & 0 & 0 \\ \Phi_4 & 0 & 0 & \gamma^{-1}\bar{B}_2(h) \end{bmatrix} \begin{bmatrix} \bar{\xi}(k) \\ \delta_d(k) \\ \delta_\Sigma(k) \\ \hat{v}(k) \end{bmatrix}$$

$$\mathcal{S}_2: \begin{bmatrix} \delta_d(k) \\ \delta_\Sigma(k) \end{bmatrix} = \mathcal{T} \begin{bmatrix} \sigma_d(k) \\ \sigma_\Sigma(k) \end{bmatrix} = \begin{bmatrix} \mathcal{T}_d & 0 \\ 0 & \Sigma(k) \end{bmatrix} \begin{bmatrix} \sigma_d(k) \\ \sigma_\Sigma(k) \end{bmatrix} \tag{2.27}$$

其中

$$\Phi_1 = \left[\begin{array}{ccc} \bar{A}(h) - \bar{L}(h)\tilde{\Xi}\bar{C}_1(h), & \frac{1}{2}\bar{A}_\tau(h), & \frac{1}{2}\bar{A}_\tau(h) \end{array}\right]$$

$$\Phi_2 = \left[\begin{array}{ccc} \bar{A}(h) - \bar{L}(h)\tilde{\Xi}\bar{C}_1(h) - I, & \frac{1}{2}\bar{A}_\tau(h), & \frac{1}{2}\bar{A}_\tau(h) \end{array}\right]$$

$$\Phi_3 = \left[\begin{array}{ccc} \bar{N}(h), & \frac{1}{2}\bar{N}_\tau(h), & \frac{1}{2}\bar{N}_\tau(h) \end{array} \right]$$

$$\Phi_4 = \left[\begin{array}{ccc} \bar{C}(h) + V(h)\tilde{\Xi}\bar{C}_1(h), & 0, & 0 \end{array} \right]$$

$$\bar{\xi}(k) = \left[\begin{array}{ccc} \xi^{\mathrm{T}}(k), & \xi^{\mathrm{T}}(k-\tau_1), & \xi^{\mathrm{T}}(k-\tau_2) \end{array} \right]^{\mathrm{T}}$$

引理 2.4　假设 $\mathcal{S}_1$ 对式 (2.27) 是内稳定的,对算子 $\mathcal{T} \in \aleph$,如果存在非奇异矩阵 $U = \mathrm{diag}\{\bar{X}_1, \bar{X}_2, I\} > 0$ 满足下式,即

$$\|U \circ \mathcal{G} \circ U^{-1}\|_\infty < 1 \tag{2.28}$$

则闭环互联系统 (2.27) 是输入–输出稳定的,且具有 H_∞ 性能抑制水平 γ。

注释 2.3　对于互联系统 (2.27),引理 2.4 中的充分条件可转化为以下条件,即假设 $\mathcal{S}_1$ 对式 (2.27) 是内稳定的,若存在矩阵 $X_1 = \bar{X}_1^{\mathrm{T}}\bar{X}_1$ 和 $X_2 = \bar{X}_2^{\mathrm{T}}\bar{X}_2$ 满足下式,即

$$J \overset{\text{def}}{=} \sum_{k=0}^\infty \Big(\sigma_d^{\mathrm{T}}(k)X_1\sigma_d(k) - \delta_d^{\mathrm{T}}(k)X_1\delta_d(k) + \sigma_\Sigma^{\mathrm{T}}(k)X_2\sigma_\Sigma(k) - \delta_\Sigma^{\mathrm{T}}(k)X_2\delta_\Sigma(k)$$
$$+ \hat{r}^{\mathrm{T}}(k)\hat{r}(k) - \hat{v}^{\mathrm{T}}(k)\hat{v}(k) \Big) < 0$$

则闭环互联系统是输入–输出均方稳定的,且保证 H_∞ 性能指标 γ。

2.3.2　H_∞ 性能分析

首先给出下面的分析结果,作为后续 FFDF 设计问题的基础。

定理 2.1　故障检测动态系统 (2.27) 是输入–输出稳定的,且保证 H_∞ 性能指标 γ。如果存在矩阵 $P > 0, Q_1 > 0, Q_2 > 0, R_1 > 0, R_2 > 0, X_1 > 0$ 和 $X_2 > 0$ 满足下面的矩阵不等式,即

$$\Gamma = \left[\begin{array}{ccccc} \Gamma_{11} & * & * & * & * \\ \Gamma_{21} & \Gamma_{22} & * & * & * \\ \Gamma_{31} & 0 & \Gamma_{33} & * & * \\ \Gamma_{41} & 0 & 0 & \Gamma_{44} & * \\ \Gamma_{51} & 0 & 0 & 0 & \Gamma_{55} \end{array} \right] < 0 \tag{2.29}$$

其中

$$\Gamma_{11} = \begin{bmatrix} -P+Q_1+Q_2-R_1-R_2 & R_1 & R_2 & 0 & 0 & 0 \\ * & -Q_1-R_1 & 0 & 0 & 0 & 0 \\ * & * & -Q_2-R_2 & 0 & 0 & 0 \\ * & * & * & -X_1 & 0 & 0 \\ * & * & * & * & -X_2 & 0 \\ * & * & * & * & * & -\gamma^2 I \end{bmatrix}$$

$$\Gamma_{22} = \mathrm{diag}\{-P^{-1}, -R_1^{-1}, -R_2^{-1}, -X_1^{-1}\}$$

$$\Gamma_{21} = \begin{bmatrix} \bar{A}(h) & \dfrac{1}{2}\bar{A}_\tau(h) & \dfrac{1}{2}\bar{A}_\tau(h) & \dfrac{\tau_{12}}{2}\bar{A}_\tau(h) & \bar{M}(h) & \bar{B}_1(h) \\[2mm] \tau_1(\bar{A}(h)-I) & \dfrac{\tau_1}{2}\bar{A}_\tau(h) & \dfrac{\tau_1}{2}\bar{A}_\tau(h) & \dfrac{\tau_1 \times \tau_{12}}{2}\bar{A}_\tau(h) & \tau_1\bar{M}(h) & \tau_1\bar{B}_1(h) \\[2mm] \tau_2(\bar{A}(h)-I) & \dfrac{\tau_2}{2}\bar{A}_\tau(h) & \dfrac{\tau_2}{2}\bar{A}_\tau(h) & \dfrac{\tau_2 \times \tau_{12}}{2}\bar{A}_\tau(h) & \tau_2\bar{M}(h) & \tau_2\bar{B}_1(h) \\[2mm] \bar{A}(h)-I & \dfrac{1}{2}\bar{A}_\tau(h) & \dfrac{1}{2}\bar{A}_\tau(h) & \dfrac{\tau_{12}}{2}\bar{A}_\tau(h) & \bar{M}(h) & \bar{B}_1(h) \end{bmatrix}$$

$$\Gamma_{33} = \mathrm{diag}\{-X_2^{-1}, -I\}$$

$$\Gamma_{31} = \begin{bmatrix} \bar{N}(h) & \dfrac{1}{2}\bar{N}_\tau(h) & \dfrac{1}{2}\bar{N}_\tau(h) & \dfrac{\tau_{12}}{2}\bar{N}_\tau(h) & 0 & 0 \\[2mm] \bar{C}(h) & 0 & 0 & 0 & 0 & \bar{B}_2(h) \end{bmatrix}$$

$$\Gamma_{44} = \mathrm{diag}\{\underbrace{\Gamma_{22}, \cdots, \Gamma_{22}}_{p}\}$$

$$\Gamma_{55} = \mathrm{diag}\{\underbrace{-I, \cdots, -I}_{p}\}$$

$$\Gamma_{41} = \begin{bmatrix} \overline{\varsigma_1\bar{L}(h)\zeta_1\bar{C}_1(h)} & 0 & 0 & 0 & 0 & 0 \\ \vdots & \vdots & \vdots & \vdots & \vdots & \vdots \\ \overline{\varsigma_p\bar{L}(h)\zeta_p\bar{C}_1(h)} & 0 & 0 & 0 & 0 & 0 \end{bmatrix}$$

$$\Gamma_{51} = \begin{bmatrix} \varsigma_1 V(h)\zeta_1\bar{C}_1(h) & 0 & 0 & 0 & 0 & 0 \\ \vdots & \vdots & \vdots & \vdots & \vdots & \vdots \\ \varsigma_p V(h)\zeta_p\bar{C}_1(h) & 0 & 0 & 0 & 0 & 0 \end{bmatrix}$$

$$\overline{\varsigma_m\bar{L}(h)\zeta_m\bar{C}_1(h)} = \mathrm{col}\{\varsigma_m\bar{L}(h)\zeta_m\bar{C}_1(h), \tau_1\varsigma_m\bar{L}(h)\zeta_m\bar{C}_1(h),$$
$$\tau_2\varsigma_m\bar{L}(h)\zeta_m\bar{C}_1(h), \varsigma_m\bar{L}(h)\zeta_m\bar{C}_1(h)\}, \quad m = 1, 2, \cdots, p$$

证明   构建如下新的 L-K 泛函 (Lyapunov-Krasovskii functional, LKF)，即

$$V(k) = \sum_{i=1}^{3} V_i(k) \tag{2.30}$$

$$V_1(k) = \xi^{\mathrm{T}}(k)P\xi(k)$$

$$V_2(k) = \sum_{i=k-\tau_1}^{k-1} \xi^{\mathrm{T}}(i)Q_1\xi(i) + \sum_{i=k-\tau_2}^{k-1} \xi^{\mathrm{T}}(i)Q_2\xi(i)$$

$$V_3(k) = \sum_{i=-\tau_1}^{-1}\sum_{j=k+i}^{k-1} \tau_1\sigma_d^{\mathrm{T}}(j)R_1\sigma_d(j) + \sum_{i=-\tau_2}^{-1}\sum_{j=k+i}^{k-1} \tau_2\sigma_d^{\mathrm{T}}(j)R_2\sigma_d(j)$$

沿系统 (2.27) 的轨线，对 $V(k)$ 求差分，可以得到下式，即

$$\begin{aligned} E\{\Delta V_1(k)\} =& \xi^{\mathrm{T}}(k+1)P\xi(k+1) - \xi^{\mathrm{T}}(k)P\xi(k) \\ =& \big(\bar{A}(h)\xi(k) + \tfrac{1}{2}\bar{A}_\tau(h)\xi(k-\tau_1) + \tfrac{1}{2}\bar{A}_\tau(h)\xi(k-\tau_2) + \tfrac{\tau_{12}}{2}\bar{A}_\tau(h)\delta_d(k) \\ & + \bar{M}(h)\delta_\Sigma(k) + \gamma^{-1}\bar{B}_1(h)\hat{v}(k)\big)^{\mathrm{T}}P\big(\bar{A}(h)\xi(k) + \tfrac{1}{2}\bar{A}_\tau(h)\xi(k-\tau_1) \\ & + \tfrac{1}{2}\bar{A}_\tau(h)\xi(k-\tau_2) + \tfrac{\tau_{12}}{2}\bar{A}_\tau(h)\delta_d(k) + \bar{M}(h)\delta_\Sigma(k) + \gamma^{-1}\bar{B}_1(h)\hat{v}(k)\big) \\ & - \xi^{\mathrm{T}}(k)P\xi(k) + E\big\{\big(\bar{L}(h)\tilde{\Xi}\bar{C}_1(h)\xi(k)\big)^{\mathrm{T}}P\big(\bar{L}(h)\tilde{\Xi}\bar{C}_1(h)\xi(k)\big)\big\} \end{aligned} \tag{2.31}$$

$$E\{\Delta V_2(k)\} = \xi^{\mathrm{T}}(k)(Q_1 + Q_2)\xi(k) - \xi^{\mathrm{T}}(k-\tau_1)Q_1\xi(k-\tau_1) - \xi^{\mathrm{T}}(k-\tau_2)Q_2\xi(k-\tau_2) \tag{2.32}$$

$$\begin{aligned} E\{\Delta V_3(k)\} =& \sigma_d^{\mathrm{T}}(k)(\tau_1^2 R_1 + \tau_2^2 R_2)\sigma_d(k) - \sum_{j=k-\tau_1}^{k-1} \tau_1\sigma_d^{\mathrm{T}}(j)R_1\sigma_d(j) \\ & - \sum_{j=k-\tau_2}^{k-1} \tau_2\sigma_d^{\mathrm{T}}(j)R_2\sigma_d(j) \end{aligned} \tag{2.33}$$

根据式 (2.5)，有下式成立，即

$$E\{\alpha_m - \mu_m\}\{\alpha_n - \mu_n\} = \begin{cases} \varsigma_m^2, & m = n \\ 0, & m \neq n \end{cases}, \quad m,n = 1,2,\cdots,p \tag{2.34}$$

可以得到下式，即

$$E\big\{\big(\bar{L}(h)\tilde{\Xi}\bar{C}_1(h)\xi(k)\big)^{\mathrm{T}}P\big(\bar{L}(h)\tilde{\Xi}\bar{C}_1(h)\xi(k)\big)\big\}$$

$$=\sum_{m=1}^{p}\varsigma_m^2\big(\bar{L}(h)\zeta_m\bar{C}_1(h)\xi(k)\big)^{\mathrm{T}}P\big(\bar{L}(h)\zeta_m\bar{C}_1(h)\xi(k)\big) \tag{2.35}$$

根据 Jensen 不等式, 有下式成立, 即

$$-\sum_{j=k-\tau_1}^{k-1}\tau_1\sigma_d^{\mathrm{T}}(j)R_1\sigma_d(j)\leqslant-\Big(\sum_{j=k-\tau_1}^{k-1}\sigma_d(j)\Big)^{\mathrm{T}}R_1\Big(\sum_{j=k-\tau_1}^{k-1}\sigma_d(j)\Big) \tag{2.36}$$

$$-\sum_{j=k-\tau_2}^{k-1}\tau_2\sigma_d^{\mathrm{T}}(j)R_2\sigma_d(j)\leqslant-\Big(\sum_{j=k-\tau_2}^{k-1}\sigma_d(j)\Big)^{\mathrm{T}}R_2\Big(\sum_{j=k-\tau_2}^{k-1}\sigma_d(j)\Big) \tag{2.37}$$

在零初始条件下, 考虑如下性能指标, 即

$$\begin{aligned}J_N=&E\Big\{\sum_{k=0}^{\infty}\big(\sigma_d^{\mathrm{T}}(k)X_1\sigma_d(k)-\delta_d^{\mathrm{T}}(k)X_1\delta_d(k)+\sigma_\Sigma^{\mathrm{T}}(k)X_2\sigma_\Sigma(k)-\delta_\Sigma^{\mathrm{T}}(k)X_2\delta_\Sigma(k)\\&+\hat{r}^{\mathrm{T}}(k)\hat{r}(k)-\hat{v}^{\mathrm{T}}(k)\hat{v}(k)\big)\Big\}\\=&E\Big\{\sum_{k=0}^{\infty}\big(\sigma_d^{\mathrm{T}}(k)X_1\sigma_d(k)-\delta_d^{\mathrm{T}}(k)X_1\delta_d(k)+\sigma_\Sigma^{\mathrm{T}}(k)X_2\sigma_\Sigma(k)-\delta_\Sigma^{\mathrm{T}}(k)X_2\delta_\Sigma(k)\\&+\hat{r}^{\mathrm{T}}(k)\hat{r}(k)-\hat{v}^{\mathrm{T}}(k)\hat{v}(k)+V(k+1)-V(k)\big)\Big\}-V(N+1)\\\leqslant&E\Big\{\sum_{k=0}^{\infty}\big(\sigma_d^{\mathrm{T}}(k)X_1\sigma_d(k)-\delta_d^{\mathrm{T}}(k)X_1\delta_d(k)+\sigma_\Sigma^{\mathrm{T}}(k)X_2\sigma_\Sigma(k)-\delta_\Sigma^{\mathrm{T}}(k)X_2\delta_\Sigma(k)\\&+\hat{r}^{\mathrm{T}}(k)\hat{r}(k)-\hat{v}^{\mathrm{T}}(k)\hat{v}(k)+\Delta V(k)\big)\Big\}\\\leqslant&\sum_{k=0}^{\infty}\varpi^{\mathrm{T}}(k)\Psi\varpi(k)\end{aligned} \tag{2.38}$$

其中

$$\Psi=\Psi_1^{\mathrm{T}}P\Psi_1+\Psi_2^{\mathrm{T}}\Theta\Psi_2+\Gamma_{11}+\Psi_4^{\mathrm{T}}X_2\Psi_4+\Psi_5^{\mathrm{T}}\Psi_5+\Psi_3^{\mathrm{T}}\Big\{\sum_{m=1}^{p}\varsigma_m^2\big[(\bar{L}(h)\zeta_m\bar{C}_1(h))^{\mathrm{T}}$$

$$(P+\Theta)(\bar{L}(h)\zeta_m\bar{C}_1(h))+(V(h)\zeta_m\bar{C}_1(h))^{\mathrm{T}}(V(h)\zeta_m\bar{C}_1(h))\big]\Big\}\Psi_3$$

$$\Psi_1=\Big[\ \bar{A}(h),\ \ \frac{1}{2}\bar{A}_\tau(h),\ \ \frac{1}{2}\bar{A}_\tau(h),\ \ \frac{\tau_{12}}{2}\bar{A}_\tau(h),\ \ \bar{M}(h),\ \ \gamma^{-1}\bar{B}_1(h)\ \Big]$$

$$\Psi_2=\Big[\ \bar{A}(h)-I,\ \ \frac{1}{2}\bar{A}_\tau(h),\ \ \frac{1}{2}\bar{A}_\tau(h),\ \ \frac{\tau_{12}}{2}\bar{A}_\tau(h),\ \ \bar{M}(h),\ \ \gamma^{-1}\bar{B}_1(h)\ \Big]$$

$$\Psi_3 = \begin{bmatrix} I, & 0, & 0, & 0, & 0, & 0 \end{bmatrix}$$

$$\Psi_4 = \begin{bmatrix} \bar{N}(h), & \dfrac{1}{2}\bar{N}_\tau(h), & \dfrac{1}{2}\bar{N}_\tau(h), & \dfrac{\tau_{12}}{2}\bar{N}_\tau(h), & 0, & 0 \end{bmatrix}$$

$$\Psi_5 = \begin{bmatrix} \bar{C}(h), & 0, & 0, & 0, & 0, & \gamma^{-1}\bar{B}_2(h) \end{bmatrix}$$

$$\Theta = \tau_1^2 R_1 + \tau_2^2 R_2 + X_1$$

根据 Schur 补引理，由式 (2.29) 成立，可以得到式 (2.38) 小于 0 成立。此外，假设定理 2.1满足，可以推导出下式，即

$$\sigma_d^{\mathrm{T}}(k)X_1\sigma_d(k) + \sigma_\Sigma^{\mathrm{T}}(k)X_2\sigma_\Sigma(k) + \hat{r}^{\mathrm{T}}(k)\hat{r}(k)$$

$$< \delta_d^{\mathrm{T}}(k)X_1\delta_d(k) + \delta_\Sigma^{\mathrm{T}}(k)X_2\delta_\Sigma(k) + \gamma^2 v^{\mathrm{T}}(k)v(k)$$

那么，根据引理 2.3，可以得到 $\|\hat{r}(k)\|_2^2 < \gamma^2\|v(k)\|_2^2$。

证毕.

注释 2.4　　在定理 2.1中，本章构建新的 LKF，并采用输入-输出方法分析故障检测动态系统的稳定性。其主要目标在于采用二项近似方法去逼近时变时滞和参数不确定性来降低稳定性结果的保守性。通过上述方法，将原始的离散 T-S 模糊时滞系统重构为互联子系统，基于标度小增益定理，可以获得 FFDF 存在的充分条件。

2.3.3　故障检测滤波器设计

本节在 2.3.2节的基础上，给出 FDF 待求参数的表达式。

定理 2.2　　故障检测动态系统 (2.27) 是输入-输出稳定的，且满足 H_∞ 性能指标 γ。若存在矩阵 $P > 0, Q_1 > 0, Q_2 > 0, R_1 > 0, R_2 > 0, X_1 > 0, X_2 > 0$ 和实矩阵 L_i, V_i 满足下面的矩阵不等式，即

$$\bar{\Gamma}_{ij} = \begin{bmatrix} \Gamma_{11} & * & * & * & * \\ \bar{\Gamma}_{21} & \Gamma_{22} & * & * & * \\ \bar{\Gamma}_{31} & 0 & \Gamma_{33} & * & * \\ \bar{\Gamma}_{41} & 0 & 0 & \Gamma_{44} & * \\ \bar{\Gamma}_{51} & 0 & 0 & 0 & \Gamma_{55} \end{bmatrix} < 0, \quad i,j = 1,2,\cdots,r \tag{2.39}$$

其中，

$$\bar{\Gamma}_{21} = \begin{bmatrix} \bar{A}_{ij} & \dfrac{1}{2}\bar{A}_{\tau i} & \dfrac{1}{2}\bar{A}_{\tau i} & \dfrac{\tau_{12}}{2}\bar{A}_{\tau i} & \bar{M}_i & \bar{B}_{1ij} \\[2mm] \tau_1(\bar{A}_{ij}-I) & \dfrac{\tau_1}{2}\bar{A}_{\tau i} & \dfrac{\tau_1}{2}\bar{A}_{\tau i} & \dfrac{\tau_1\times\tau_{12}}{2}\bar{A}_{\tau i} & \tau_1\bar{M}_i & \tau_1\bar{B}_{1ij} \\[2mm] \tau_2(\bar{A}_{ij}-I) & \dfrac{\tau_2}{2}\bar{A}_{\tau i} & \dfrac{\tau_2}{2}\bar{A}_{\tau i} & \dfrac{\tau_2\times\tau_{12}}{2}\bar{A}_{\tau i} & \tau_2\bar{M}_i & \tau_2\bar{B}_{1ij} \\[2mm] \bar{A}_{ij}-I & \dfrac{1}{2}\bar{A}_{\tau i} & \dfrac{1}{2}\bar{A}_{\tau i} & \dfrac{\tau_{12}}{2}\bar{A}_{\tau i} & \bar{M}_i & \bar{B}_{1ij} \end{bmatrix};$$

$$\bar{\Gamma}_{31} = \begin{bmatrix} \bar{N}_i & \dfrac{1}{2}\bar{N}_{\tau i} & \dfrac{1}{2}\bar{N}_{\tau i} & \dfrac{\tau_{12}}{2}\bar{N}_{\tau i} & 0 & 0 \\[2mm] \bar{C}_{ij} & 0 & 0 & 0 & 0 & \bar{B}_{2ij} \end{bmatrix};$$

$$\bar{\Gamma}_{41} = \begin{bmatrix} \overline{\varsigma_1\bar{L}_i\zeta_1\bar{C}_{1j}} & 0 & 0 & 0 & 0 & 0 \\ \vdots & \vdots & \vdots & \vdots & \vdots & \vdots \\ \overline{\varsigma_p\bar{L}_i\zeta_p\bar{C}_{1j}} & 0 & 0 & 0 & 0 & 0 \end{bmatrix};$$

$$\bar{\Gamma}_{51} = \begin{bmatrix} \varsigma_1 V_i\zeta_1\bar{C}_{1j} & 0 & 0 & 0 & 0 & 0 \\ \vdots & \vdots & \vdots & \vdots & \vdots & \vdots \\ \varsigma_p V_i\zeta_p\bar{C}_{1j} & 0 & 0 & 0 & 0 & 0 \end{bmatrix};$$

$$\bar{A}_{ij} = \begin{bmatrix} A_i & 0 & 0 \\ 0 & A_i-L_i\bar{\Xi}C_j & 0 \\ 0 & 0 & A_w \end{bmatrix}; \quad \bar{A}_{\tau i} = \begin{bmatrix} A_{\tau i} & 0 & 0 \\ 0 & A_{\tau i} & 0 \\ 0 & 0 & 0 \end{bmatrix};$$

$$\bar{B}_{1ij} = \begin{bmatrix} E_i & F_i \\ E_i-L_iD_j & F_i \\ 0 & B_w \end{bmatrix}; \quad \bar{M}_i = \begin{bmatrix} M_i \\ M_i \\ 0 \end{bmatrix}; \quad \varsigma_m\bar{L}_i\zeta_m\bar{C}_{1j} = \begin{bmatrix} 0 & 0 & 0 \\ \varsigma_m L_i\zeta_m C_j & 0 & 0 \\ 0 & 0 & 0 \end{bmatrix};$$

$$\bar{N}_i = \begin{bmatrix} N_i, & 0, & 0 \end{bmatrix}; \quad \bar{N}_{\tau i} = \begin{bmatrix} N_{\tau i}, & 0, & 0 \end{bmatrix}; \quad \bar{B}_{2ij} = \begin{bmatrix} V_iD_j, & -D_w \end{bmatrix};$$

$$\bar{C}_{ij} = \begin{bmatrix} 0, & V_i\bar{\Xi}C_j, & -C_w \end{bmatrix}; \quad \varsigma_m V_i\zeta_m\bar{C}_{1j} = \begin{bmatrix} \varsigma_m V_i\zeta_m C_j, & 0, & 0 \end{bmatrix};$$

$$\overline{\varsigma_m\bar{L}_i\zeta_m\bar{C}_{1j}} = \mathrm{col}\{\varsigma_m\bar{L}_i\zeta_m\bar{C}_{1j}, \tau_1\varsigma_m\bar{L}_i\zeta_m\bar{C}_{1j}, \tau_2\varsigma_m\bar{L}_i\zeta_m\bar{C}_{1j}, \varsigma_m\bar{L}_i\zeta_m\bar{C}_{1j}\}, m=1,$$
$2,\cdots,p$。

2.3.4 迭代算法

由于定理 2.2中的稳定性条件存在非线性项, 即 Γ_{22} 中同时存在 $-P$、$-R_1$、$-R_2$、$-X_1$ 和 $-P^{-1}$、$-R_1^{-1}$、$-R_2^{-1}$、$-X_1^{-1}$, 因此定理 2.2不是严格的线性矩阵

不等式，不能直接通过 LMI 工具箱技术解决。下面利用锥补线性化算法[31] 解决上述非凸的矩阵不等式。

假设存在对称正定矩阵 $Z_1, Z_2, \cdots, Z_5$ 满足

$$P^{-1} \geqslant Z_1, \quad R_1^{-1} \geqslant Z_2, \quad R_2^{-1} \geqslant Z_3, \quad X_1^{-1} \geqslant Z_4, \quad X_2^{-1} \geqslant Z_5 \tag{2.40}$$

根据 Schur 补引理，式 (2.40) 等价于下式，即

$$\begin{bmatrix} Z_1^{-1} & I \\ I & P^{-1} \end{bmatrix} \geqslant 0, \quad \begin{bmatrix} Z_2^{-1} & I \\ I & R_1^{-1} \end{bmatrix} \geqslant 0, \quad \begin{bmatrix} Z_3^{-1} & I \\ I & R_2^{-1} \end{bmatrix} \geqslant 0,$$

$$\begin{bmatrix} Z_4^{-1} & I \\ I & X_1^{-1} \end{bmatrix} \geqslant 0, \quad \begin{bmatrix} Z_5^{-1} & I \\ I & X_2^{-1} \end{bmatrix} \geqslant 0 \tag{2.41}$$

令 $S_1 = Z_1^{-1}$，$W_1 = P^{-1}$，$S_2 = Z_2^{-1}$，$W_2 = R_1^{-1}$，$S_3 = Z_3^{-1}$，$W_3 = R_2^{-1}$，$S_4 = Z_4^{-1}$，$W_4 = X_1^{-1}$，$S_5 = Z_5^{-1}$ 和 $W_5 = X_2^{-1}$。条件 (2.41) 可以转化为

$$\begin{bmatrix} S_\kappa & I \\ I & W_\kappa \end{bmatrix} \geqslant 0, \quad \kappa = 1, 2, \cdots, 5 \tag{2.42}$$

根据上面的讨论，采用锥互补线性化方法，可以利用如下非线性最小化算法解决原来的非凸最小化问题，即

$$\text{Min} \quad \text{tr} \left[\sum_{\kappa=1}^{5} (S_\kappa Z_\kappa) + W_1 P + W_2 R_1 + W_3 R_2 + W_4 X_1 + W_5 X_2 \right]$$

s.t. 式(2.39)*和式(2.42)

$$\begin{bmatrix} Z_\kappa & I \\ I & S_\kappa \end{bmatrix} \geqslant 0, \quad \begin{bmatrix} P & I \\ I & W_1 \end{bmatrix} \geqslant 0, \quad \begin{bmatrix} R_1 & I \\ I & W_2 \end{bmatrix} \geqslant 0$$

$$\begin{bmatrix} R_2 & I \\ I & W_3 \end{bmatrix} \geqslant 0, \quad \begin{bmatrix} X_1 & I \\ I & W_4 \end{bmatrix} \geqslant 0, \quad \begin{bmatrix} X_2 & I \\ I & W_5 \end{bmatrix} \geqslant 0 \tag{2.43}$$

其中,式 (2.39)* 表示式 (2.39) 中的 P^{-1}、R_1^{-1}、R_2^{-1}、X_1^{-1} 和 X_2^{-1} 由 $Z_1, Z_2, \cdots, Z_5$ 来代替，式 (2.39) 中其他的变量保持不变。

尽管式 (2.43) 给出了一个次优解来解决原始问题 (2.39)，但是相比原来非凸最小化问题更容易解决了。为得到可行解，提出如下算法。

算法 2.1　步骤 1，给定常数 $\gamma > 0$，找到一可行的解集 $(S_\kappa, Z_\kappa, W_\kappa, P, R_1, R_2, X_1, X_2)^0$ 满足式 (2.43)，令 $\nu = 0$；否则，退出。

步骤 2，解决以下 LMI 问题，其中 $S_\kappa^{\bar{\nu}} Z_\kappa$ 表示 $S_\kappa^\nu Z_\kappa + S_\kappa Z_\kappa^\nu$

$$\text{Min tr}\Big[\sum_{\kappa=1}^{5} (S_{\kappa}^{\nu}\vec{Z_{\kappa}}) + W_{1}^{\vec{\nu}}P + W_{2}^{\vec{\nu}}R_{1} + W_{3}^{\vec{\nu}}R_{2} + W_{4}^{\vec{\nu}}X_{1} + W_{5}^{\vec{\nu}}X_{2} \Big]$$

s.t. 式 (2.43)

令 $(S_{\kappa}, Z_{\kappa}, W_{\kappa}, P, R_{1}, R_{2}, X_{1}, X_{2})^{\nu+1} = (S_{\kappa}, Z_{\kappa}, W_{\kappa}, P, R_{1}, R_{2}, X_{1}, X_{2})$

步骤 3，若条件 (2.39)* 和 (2.42) 满足，那么 FFDF 增益参数 L_{i}、V_{i} 就可以获得。若在预设的迭代次数下，条件不满足，令 $\nu = \nu_{\max}$ 退出；否则，令 $\nu = \nu+1$ 回到步骤 2。

假设系统方程 (2.4) 中不存在扰动输入 $w(k)$ 和故障 $f(k)$，则式 (2.4) 可以退化为

$$x(k+1) = \sum_{i=1}^{r} h_{i}(\theta(k))\big[(A_{i}+\triangle A_{i}(k))x(k) + (A_{\tau i}+\triangle A_{\tau i}(k))x(k-\tau(k))\big] \quad (2.44)$$

接下来，提出系统 (2.44) 渐近稳定的充分条件。基于前面的分析，可以获得如下互联子系统模型，即

$$\tilde{S}_{1}: \begin{bmatrix} x(k+1) \\ \tilde{\sigma}_{d}(k) \\ \tilde{\sigma}_{\Sigma}(k) \end{bmatrix} = \tilde{\mathcal{G}}\tilde{\varpi}(k) = \begin{bmatrix} \tilde{\Phi}_{1} & \dfrac{\tau_{12}}{2}A_{\tau}(h) & M(h) \\ \tilde{\Phi}_{2} & \dfrac{\tau_{12}}{2}A_{\tau}(h) & M(h) \\ \tilde{\Phi}_{3} & \dfrac{\tau_{12}}{2}N_{\tau}(h) & 0 \end{bmatrix} \begin{bmatrix} \tilde{\xi}(k) \\ \tilde{\delta}_{d}(k) \\ \tilde{\delta}_{\Sigma}(k) \end{bmatrix}$$

$$\tilde{S}_{2}: \begin{bmatrix} \tilde{\delta}_{d}(k) \\ \tilde{\delta}_{\Sigma}(k) \end{bmatrix} = \begin{bmatrix} \tilde{\mathcal{T}}_{d} & 0 \\ 0 & \Sigma(k) \end{bmatrix} \begin{bmatrix} \tilde{\sigma}_{d}(k) \\ \tilde{\sigma}_{\Sigma}(k) \end{bmatrix} \quad (2.45)$$

其中，$\tilde{\Phi}_{1}=\Big[A(h), \ \dfrac{1}{2}A_{\tau}(h), \ \dfrac{1}{2}A_{\tau}(h) \Big]$；$\tilde{\Phi}_{2}=\Big[A(h)-I, \ \dfrac{1}{2}A_{\tau}(h), \ \dfrac{1}{2}A_{\tau}(h) \Big]$；$\tilde{\Phi}_{3}=\Big[N(h), \ \dfrac{1}{2}N_{\tau}(h), \ \dfrac{1}{2}N_{\tau}(h) \Big]$；$\tilde{\xi}(k)=\Big[x^{\mathrm{T}}(k), \ x^{\mathrm{T}}(k-\tau_{1}), \ x^{\mathrm{T}}(k-\tau_{2}) \Big]^{\mathrm{T}}$。

为了获得系统 (2.44) 的稳定性分析结果，构建如下 LKF，即

$$V(k) = \sum_{i=1}^{4} V_{i}(k) \quad (2.46)$$

$$V_{1}(k) = x^{\mathrm{T}}(k)\mathcal{P}x(k)$$

$$V_{2}(k) = \sum_{i=k-d}^{k-1} \varUpsilon^{\mathrm{T}}(i)\mathcal{Q}_{1}\varUpsilon(i) + \sum_{i=k-\tau_{2}}^{k-1} x^{\mathrm{T}}(i)\mathcal{Q}_{2}x(i)$$

$$V_3(k) = \sum_{j=-\tau_2}^{-dm} \sum_{i=k+j}^{k-1} x^{\mathrm{T}}(i) \mathcal{Q}_3 x(i)$$

$$V_4(k) = \sum_{j=-d}^{-1} \sum_{i=k+j}^{k-1} d\tilde{\sigma}_d^{\mathrm{T}}(i) \mathcal{Z}_1 \tilde{\sigma}_d(i) + \sum_{j=-\tau_2}^{-dm-1} \sum_{i=k+j}^{k-1} (\tau_2 - dm) \tilde{\sigma}_d^{\mathrm{T}}(i) \mathcal{Z}_2 \tilde{\sigma}_d(i)$$

其中，$\Upsilon(i) = \left[\ x^{\mathrm{T}}(i),\ \ x^{\mathrm{T}}(i-d),\ \ \cdots,\ \ x^{\mathrm{T}}(i-(m-1)d)\ \right]^{\mathrm{T}}$；$\tilde{\sigma}_d(i) = x(i+1) - x(i)$。

因此，基于式 (2.46)，可得如下结果。

推论 2.1　给定正整数 d、m、τ_2 和 $\tau_1 = dm$，系统 (2.45) 中 $\tilde{S}_1$ 是渐近稳定的。若存在矩阵 $\mathcal{P} > 0$，$\mathcal{Q}_1 > 0$，$\mathcal{Q}_2 > 0$，$\mathcal{Q}_3 > 0$，$\mathcal{Z}_1 > 0$，$\mathcal{Z}_2 > 0$，$\mathcal{X}_1 > 0$，$\mathcal{X}_2 > 0$，自由权矩阵 $\mathcal{Y}$ 满足如下不等式约束，即

$$\begin{bmatrix} \Lambda & \mathcal{Y} \\ * & -\mathcal{Z}_2 \end{bmatrix} < 0 \tag{2.47}$$

其中，$\Lambda = \Lambda_1^{\mathrm{T}}\mathcal{P}\Lambda_1 + \Lambda_2^{\mathrm{T}}\mathrm{diag}\{\mathcal{Q}_1, -\mathcal{Q}_1\}\Lambda_2 + \Lambda_3^{\mathrm{T}}(\mathcal{Q}_2 - \mathcal{P} + (\tau_2 - dm + 1)\mathcal{Q}_3)\Lambda_3 - \Lambda_4^{\mathrm{T}}(\mathcal{Q}_2+\mathcal{Q}_3)\Lambda_4 + \Lambda_5^{\mathrm{T}}(d^2\mathcal{Z}_1 + (\tau_2-dm)^2\mathcal{Z}_2 + \mathcal{X}_1)\Lambda_5 - \Lambda_6^{\mathrm{T}}\mathcal{Q}_3\Lambda_6 - \Lambda_7^{\mathrm{T}}\mathcal{X}_1\Lambda_7 - \Lambda_8^{\mathrm{T}}\mathcal{Z}_1\Lambda_8 + \Lambda_9^{\mathrm{T}}\mathcal{X}_2\Lambda_9 - \Lambda_{10}^{\mathrm{T}}\mathcal{X}_2\Lambda_{10} + \left[\ 0_{[(m+3)n+v]\times mn},\ \ \mathcal{Y},\ \ -\mathcal{Y},\ \ 0_{[(m+3)n+v]\times(n+v)}\ \right] + \left[\ 0_{[(m+3)n+v]\times mn},\ \ \mathcal{Y},\ \ -\mathcal{Y},\ \ 0_{[(m+3)n+v]\times(n+v)}\ \right]^{\mathrm{T}}$；

$$\Lambda_1 = \left[\ A(h),\ \ 0_{n\times(m-1)n},\ \ \frac{1}{2}A_\tau(h),\ \ \frac{1}{2}A_\tau(h),\ \ \frac{\tau_{12}}{2}A_\tau(h),\ \ M(h)\ \right];$$

$$\Lambda_2 = \begin{bmatrix} I_{mn} & & 0_{mn\times(3n+v)} \\ 0_{mn\times n} & I_{mn} & 0_{mn\times(2n+v)} \end{bmatrix};$$

$$\Lambda_3 = \left[\ I_n,\ \ 0_{n\times[(m+2)n+v]}\ \right];$$

$$\Lambda_4 = \left[\ 0_{n\times(m+1)n},\ \ I_n,\ \ 0_{n\times(n+v)}\ \right];$$

$$\Lambda_5 = \left[\ A(h) - I,\ \ 0_{n\times(m-1)n},\ \ \frac{1}{2}A_\tau(h),\ \ \frac{1}{2}A_\tau(h),\ \ \frac{\tau_{12}}{2}A_\tau(h),\ \ M(h)\ \right];$$

$$\Lambda_6 = \left[\ 0_{n\times mn},\ \ I_n,\ \ 0_{n\times(2n+v)}\ \right];$$

$$\Lambda_7 = \left[\ 0_{n\times(m+2)n},\ \ I_n,\ \ 0_{n\times v}\ \right];$$

$$\Lambda_8 = \left[\ I_n,\ \ -I_n,\ \ 0_{n\times[(m+1)n+v]}\ \right];$$

$$\Lambda_9 = \left[\ N(h),\ \ 0_{v\times(m-1)n},\ \ \frac{1}{2}N_\tau(h),\ \ \frac{1}{2}N_\tau(h),\ \ \frac{\tau_{12}}{2}N_\tau(h),\ \ 0_{v\times v}\ \right];$$

$$\Lambda_{10} = \begin{bmatrix} 0_{n \times (m+3)n}, & I_v \end{bmatrix}.$$

证明 该推论可由定理 2.1 推导得到。

证毕.

注释 2.5 在推论 2.1 中，针对离散 T–S 模糊时滞系统 (2.44)，利用输入–输出方法与时滞分解技术，可以获得保守性更小的稳定性条件。为了阐述输入–输出方法的优越性，仿真部分将推论 2.1 结果同文献 [27] 比较。从表 2.1 容易看出，本章结果具有更小的保守性。

表 2.1 不同时滞间隔条件下的最大可允许 $\bar{\beta}$

方法	$2 \leqslant \tau(k) \leqslant 7$	$5 \leqslant \tau(k) \leqslant 10$	$8 \leqslant \tau(k) \leqslant 15$
文献 [27] 定理 2-(ii)	0.1938	0.1514	0.1032
文献 [27] 定理 2-(i)	0.2046	0.1590	0.1149
推论 2.1 ($m = 2$)	0.1947	0.1562	0.1089
推论 2.1 ($m = 4$)	0.4288	0.2024	0.1421

2.4 仿 真 研 究

本节给出三个例子来验证所提 FFDF 的有效性。例 2.1 采用输入–输出方法和时滞分解技术验证了本章结果优于文献 [27]。例 2.2 和例 2.3 阐述 FFDF 方法的有效性。

例 2.1 考虑不确定时滞系统[27]，其系统参数如下，即

$$A = \begin{bmatrix} 0.8 & 0 \\ 0 & 0.9 \end{bmatrix}; \quad A_\tau = \begin{bmatrix} -0.1 & 0 \\ -0.1 & -0.1 \end{bmatrix}; \quad M = \begin{bmatrix} \bar{\beta} \\ 0 \end{bmatrix}$$

$$N = \begin{bmatrix} 1, & 0 \end{bmatrix}; \quad N_\tau = \begin{bmatrix} 0, & 0 \end{bmatrix}; \quad \Sigma(k) = \beta(k)/\bar{\beta}$$

其中，$|\beta(k)| \leqslant \bar{\beta}$；$\Sigma^{\mathrm{T}}(k)\Sigma(k) \leqslant 1$。

该例可以认为是系统 (2.44) 在模糊规则 $r = 1$ 时的特例。对于所有的 $|\beta(k)| \leqslant \bar{\beta}$ 及给定的时滞间隔 $\tau_1 \leqslant \tau(k) \leqslant \tau_2$，可以获得系统 (2.44) 鲁棒渐近稳定的最大上界 $\bar{\beta}$。当 $2 \leqslant \tau(k) \leqslant 7$ 时，利用文献 [27] 中的定理 2 (ii) 和定理 2 (i)，可以获得最大上界 $\bar{\beta}$ 分别为 0.1938 和 0.2046。然而，采用推论 2.1，当 $m = 2$ 和 $m = 4$ 时，可得最大上界 $\bar{\beta}$ 分别为 0.1947 和 0.4288。由此可知，本章结果具有更小的保守性。

例 2.2 考虑如下两条模糊规则的离散 T–S 模糊时滞系统，其系统参数如

下，即

$$A_1 = \begin{bmatrix} 0.3 & 0.2 & 0.1 \\ -0.1 & 0.2 & -0.8 \\ 0.2 & -0.12 & 0.12 \end{bmatrix}; \quad A_2 = \begin{bmatrix} -0.7 & 0 & 0.1 \\ -0.2 & 0.12 & -0.1 \\ -0.1 & -0.12 & 0.04 \end{bmatrix}; \quad D_1 = \begin{bmatrix} 0.02 \\ 0.1 \\ -0.08 \end{bmatrix};$$

$$A_{\tau_1} = \begin{bmatrix} -0.2 & 0.1 & -0.3 \\ -0.1 & -0.1 & 0.2 \\ -0.1 & 0.8 & -0.12 \end{bmatrix}; \quad A_{\tau_2} = \begin{bmatrix} 0.1 & 0.4 & 0.1 \\ -0.2 & -0.1 & 0.2 \\ -0.2 & -0.1 & -0.08 \end{bmatrix}; \quad D_2 = \begin{bmatrix} 0.12 \\ 0.1 \\ 0.1 \end{bmatrix};$$

$$C_1 = \begin{bmatrix} -0.2 & 0.2 & 0.01 \\ 0.18 & -0.2 & 0.1 \\ -0.18 & 0.12 & -0.12 \end{bmatrix}; \quad C_2 = \begin{bmatrix} 0.08 & 0.1 & 0.02 \\ 0.2 & -0.2 & -0.04 \\ -0.1 & 0.1 & -0.2 \end{bmatrix}; \quad M_1 = \begin{bmatrix} -0.04 \\ 0.1 \\ 0.16 \end{bmatrix};$$

$$M_2 = \begin{bmatrix} 0.2 \\ 0.2 \\ 0.25 \end{bmatrix}; \quad E_1 = \begin{bmatrix} 0.2 \\ 0.08 \\ 0.2 \end{bmatrix}; \quad E_2 = \begin{bmatrix} 0.2 \\ 0.1 \\ 0.1 \end{bmatrix}; \quad F_1 = \begin{bmatrix} -0.2 \\ 0.18 \\ 0.2 \end{bmatrix}; \quad F_2 = \begin{bmatrix} -0.2 \\ 0.2 \\ 0.12 \end{bmatrix};$$

$$N_1 = \begin{bmatrix} 0.2, & 0.2, & 0.18 \end{bmatrix}; \quad N_2 = \begin{bmatrix} 0.1, & 0.08, & 0.2 \end{bmatrix}; \quad N_{d1} = \begin{bmatrix} 0.05, & -0.24, & 0.18 \end{bmatrix};$$

$$N_{d2} = \begin{bmatrix} 0.1, & -0.2, & 0.15 \end{bmatrix}$$

假设 α_1、α_2 和 α_3 的概率密度函数为

$$p_1(\alpha_1) = \begin{cases} 0, & \alpha_1 = 0 \\ 0.1, & \alpha_1 = 0.5; \\ 0.9, & \alpha_1 = 1 \end{cases} \quad p_2(\alpha_2) = \begin{cases} 0.1, & \alpha_2 = 0 \\ 0.1, & \alpha_2 = 0.5; \\ 0.8, & \alpha_2 = 1 \end{cases}$$

$$p_3(\alpha_3) = \begin{cases} 0, & \alpha_3 = 0 \\ 0.2, & \alpha_3 = 0.5 \\ 0.8, & \alpha_3 = 1 \end{cases}$$

容易计算期望和方差为 $\mu_1 = 0.95$、$\mu_2 = 0.85$、$\mu_3 = 0.9$ 和 $\varsigma_1 = 0.15$、$\varsigma_2 = 0.32$、$\varsigma_3 = 0.2$。假设故障加权矩阵为 $W(z) = 0.5z/(z-0.5)$，最小化实现可获得如下参数 $A_w = 0.5$、$B_w = 0.25$、$C_w = 1.0$、$D_w = 0.5$。给定 $\gamma = 0.51$、$\tau_1 = 2$、$\tau_2 = 10$，应用定理 2.2，可以得到如下可行的 FDF 参数，即

$$V_1 = \begin{bmatrix} -0.0721 & 0.0873 & 0.0892 \end{bmatrix}$$

$$V_2 = \begin{bmatrix} -0.0551 & -0.0147 & 0.0793 \end{bmatrix}$$

$$L_1 = \begin{bmatrix} 0.4071 & 5.1595 & 4.2332 \\ 1.5344 & 0.0142 & -0.7616 \\ 3.4325 & 1.2014 & -0.3246 \end{bmatrix}$$

$$L_2 = \begin{bmatrix} 0.6774 & -2.8005 & 4.0157 \\ -2.0738 & 2.1597 & 1.3021 \\ -1.2272 & 0.1152 & 2.3384 \end{bmatrix}$$

为了验证 FDF 的可行性，假设外部扰动 $w(k)$ 和故障信号 $f(k)$ 为

$$w(k) = \begin{cases} \exp(-0.5k), & k = 0, 1, \cdots, 100 \\ 0, & \text{其他} \end{cases}$$

$$f(k) = \begin{cases} 1, & k = 10, 11, \cdots, 30 \\ 0, & \text{其他} \end{cases}$$

考虑如下隶属度函数，即

$$h_1(x_1(k)) = \frac{1 - \sin(x_1(k))}{2}, \quad h_2(x_1(k)) = \frac{1 + \sin(x_1(k))}{2}$$

选择式 (2.27) 的初始条件为 $x(k) = 0, e(k) = 0, \forall k \in \mathbf{Z}^-$。故障检测动态系统的状态误差 $e(k)$、残差信号 $r(k)$ 和残差评价函数 $J_L(r)$ 如图 2.2 ~ 图 2.4 所示。从

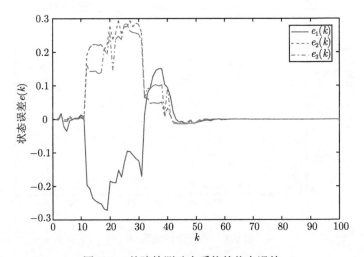

图 2.2 故障检测动态系统的状态误差

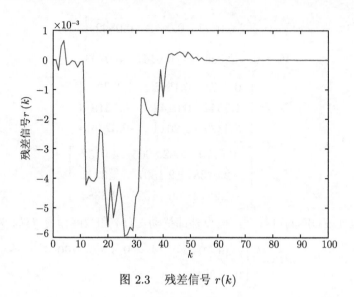

图 2.3　残差信号 $r(k)$

图 2.4可以看到,当 $l_0=0$ 和 $L=100$ 时,阈值为 $J_{\text{th}} = \displaystyle\sup_{w \in l_2, f=0} E\left\{ \sum_{k=0}^{100} r^{\text{T}}(k)r(k) \right\}^{1/2}$ $= 0.9495 \times 10^{-3}$。仿真结果显示,$E\left\{ \displaystyle\sum_{k=0}^{13} r^{\text{T}}(k)r(k) \right\}^{1/2} = 0.0043$,即故障 $f(k)$ 发生 3 个时间步长后就被检测出来。

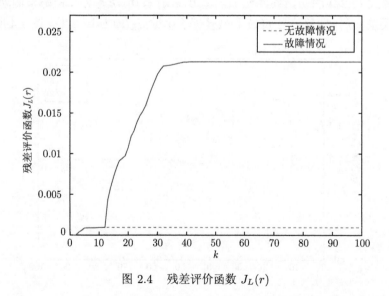

图 2.4　残差评价函数 $J_L(r)$

例 2.3　考虑如下带有时变时滞和潜在故障的载重拖车系统,即

$$x_1(k+1) = -\lambda \frac{v\bar{t}}{(L+\Delta L(k))t_0}x_1(k) - (1-\lambda)\frac{v\bar{t}}{(L+\Delta L(k))t_0}x_1(k-\tau(k))$$
$$+ \frac{v\bar{t}}{lt_0}w(k) + f(k)$$

$$x_2(k+1) = \frac{v\bar{t}}{(L+\Delta L(k))t_0}x_1(k) + (1-\lambda)\frac{v\bar{t}}{(L+\Delta L(k))t_0}x_1(k-\tau(k))$$

$$x_3(k+1) = \frac{v\bar{t}}{t_0}\sin\left[x_2(k) + \frac{v\bar{t}}{2(L+\Delta L(k))}x_1(k) + (1-\lambda)\frac{v\bar{t}}{2(L+\Delta L(k))}x_1(k-\tau(k))\right]$$

其中，$x_1(k)$ 为载重与拖车间角度差；$x_2(k)$ 为拖车的角度；$x_3(k+1)$ 为尾部拖车的垂直位置；$w(k)$ 为转向角；$f(k)$ 为潜在的故障；l 为卡车长度；L 为拖车长度；$\bar{t}$ 为采样时间；v 为倒车速度；λ 为时滞参数，满足 $0 \leqslant \lambda \leqslant 1$。

本例设定 $\lambda = 0.7$、$v = -1.0$、$\bar{t} = 2.0$、$t_0 = 0.5$、$L = 5.5$、$l = 2.8$、$-0.2619 \leqslant \Delta L \leqslant 0.2895$。

选择如下的模糊规则。

规则 1: IF $\theta(k) = x_2(k) + \lambda(v\bar{t}/2L)x_1(k) + (1-\lambda)(v\bar{t}/2L)x_1(k-\tau(k)) \approx 0$, THEN

$$x(k+1) = (A_1 + \Delta A_1(k))x(k) + (A_{\tau 1} + \Delta A_{\tau 1})x(k-\tau(k)) + E_1 w(k) + F_1 f(k)$$

规则 2: IF $\theta(k) = x_2(k) + \lambda(v\bar{t}/2L)x_1(k) + (1-\lambda)(v\bar{t}/2L)x_1(k-\tau(k)) \approx \pi$ $(-\pi)$, THEN

$$x(k+1) = (A_2 + \Delta A_2(k))x(k) + (A_{\tau 2} + \Delta A_{\tau 2})x(k-\tau(k)) + E_2 w(k) + F_2 f(k)$$

其中，$A_1 = \begin{bmatrix} -\lambda\dfrac{v\bar{t}}{Lt_0} & 0 & 0 \\[3mm] \lambda\dfrac{v\bar{t}}{Lt_0} & 0 & 0 \\[3mm] -\lambda\dfrac{v^2\bar{t}^2}{2Lt_0} & \dfrac{v\bar{t}}{t_0} & 0 \end{bmatrix}$; $A_2 = \begin{bmatrix} -\lambda\dfrac{v\bar{t}}{Lt_0} & 0 & 0 \\[3mm] \lambda\dfrac{v\bar{t}}{Lt_0} & 0 & 0 \\[3mm] -\lambda\iota\dfrac{v^2\bar{t}^2}{2Lt_0} & \dfrac{\iota v\bar{t}}{t_0} & 0 \end{bmatrix}$, $\iota = \dfrac{10t_0}{\pi}$;

$A_{\tau 1} = \begin{bmatrix} -(1-\lambda)\dfrac{v\bar{t}}{Lt_0} & 0 & 0 \\[3mm] (1-\lambda)\dfrac{v\bar{t}}{Lt_0} & 0 & 0 \\[3mm] (1-\lambda)\dfrac{v^2\bar{t}^2}{2Lt_0} & 0 & 0 \end{bmatrix}$; $A_{\tau 2} = \begin{bmatrix} -(1-\lambda)\dfrac{v\bar{t}}{Lt_0} & 0 & 0 \\[3mm] (1-\lambda)\dfrac{v\bar{t}}{Lt_0} & 0 & 0 \\[3mm] (1-\lambda)\dfrac{\iota v^2\bar{t}^2}{2Lt_0} & 0 & 0 \end{bmatrix}$;

$$E_1 = E_2 = \begin{bmatrix} \dfrac{v\bar{t}}{lt_0} \\ 0 \\ 0 \end{bmatrix}; \quad F_1 = F_2 = \begin{bmatrix} 1 \\ 0 \\ 0 \end{bmatrix};$$

$$\Delta A_1(k) = 0.05\varSigma(k) \begin{bmatrix} 0.5091 & 0 & 0 \\ -0.5091 & 0 & 0 \\ 0.5091 & 0 & 0 \end{bmatrix}, -1 \leqslant \varSigma(k) \leqslant 1;$$

$$\Delta A_{\tau 1}(k) = 0.05\varSigma(k) \begin{bmatrix} 0.2182 & 0 & 0 \\ -0.2182 & 0 & 0 \\ 0.2182 & 0 & 0 \end{bmatrix};$$

$$\Delta A_2(k) = 0.05\varSigma(k) \begin{bmatrix} 0.5091 & 0 & 0 \\ -0.5091 & 0 & 0 \\ 0.8107 & 0 & 0 \end{bmatrix};$$

$$\Delta A_{\tau 2}(k) = 0.05\varSigma(k) \begin{bmatrix} 0.2182 & 0 & 0 \\ -0.2182 & 0 & 0 \\ 0.3474 & 0 & 0 \end{bmatrix}。$$

系统的不确定性可以建模为 $\Delta A_1(k) = \Delta A_2(k) = \Delta A_{\tau 1}(k) = \Delta A_{\tau 2}(k)$，其中参数 $M_1 = M_2 = \begin{bmatrix} 0.255, & 0.255, & 0.255 \end{bmatrix}^{\mathrm{T}}$，$N_1 = N_2 = N_{\tau 1} = N_{\tau 2} = \begin{bmatrix} 0.1, & 0, & 0 \end{bmatrix}$。

增加输出向量 $y(k)$，同时给定相应的参数矩阵，即 $C_1 = \begin{bmatrix} -0.1 & 0 & 0.12 \end{bmatrix}$；$C_2 = \begin{bmatrix} 0 & -0.1 & 0.12 \end{bmatrix}$；$D_1 = 0.1$；$D_2 = 0.2$。

隶属度函数选择为

$$h_1(\theta(k)) = \left\{ 1 - \frac{1}{1 + \exp[-3(\theta(k) - 0.5\pi)]} \right\} \times \left\{ \frac{1}{1 + \exp[-3(\theta(k) + 0.5\pi)]} \right\}$$

$$h_2(\theta(k)) = 1 - h_1(\theta(k))$$

假设随机变量 α_1 的概率密度函数在间隔 $[0, 1]$ 描述为

$$p_1(\alpha_1) = \begin{cases} 0, & \alpha_1 = 0 \\ 0.1, & \alpha_1 = 0.5 \\ 0.9, & \alpha_1 = 1 \end{cases}$$

由此可以获得随机变量 α_1 的期望和方差分别为 $\mu_1 = 0.95$ 和 $\varsigma_1 = 0.15$。

加权故障的最小化实现选择与例 2.2相同的参数值。给定参数 $\gamma = 1.2$，$\tau_1 = 2$ 和 $\tau_2 = 10$，根据定理 2.2,可得 FDF 参数的可行解,即 $V_1 = 0.0023$; $V_2 = -0.00095$; $L_1 = \begin{bmatrix} -2.0604, & 0.8678, & 2.0782 \end{bmatrix}^{\mathrm{T}}$; $L_2 = \begin{bmatrix} -1.2514, & 0.0985, & 1.4263 \end{bmatrix}^{\mathrm{T}}$。

为了验证所设计的 FDF 性能,选择与例 2.2相同的外部扰动 $w(k)$、故障信号 $f(k)$ 和初始条件。故障检测动态系统的状态响应 $x(k)$ 和状态误差 $e(k)$ 分别如图 2.5 和图 2.6所示。

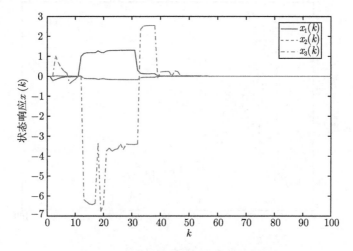

图 2.5　故障检测动态系统的状态响应

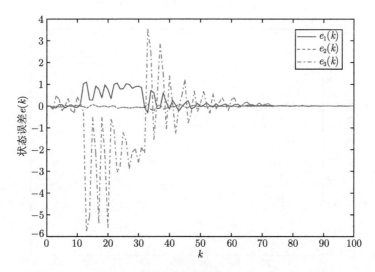

图 2.6　故障检测动态系统的状态误差

残差信号 $r(k)$ 和残差评价函数 $J_L(r)$ 分别如图 2.7 和图 2.8 所示。从图 2.8 可看到，从 $l_0 = 0$ 到 $L = 100$，阈值为 $J_{\text{th}} = \sup\limits_{w \in l_2, f=0} E\left\{ \sum\limits_{k=0}^{100} r^{\text{T}}(k)r(k) \right\}^{1/2} = 0.1624 \times 10^{-3}$。仿真结果显示，$E\left\{ \sum\limits_{k=0}^{14} r^{\text{T}}(k)r(k) \right\}^{1/2} = 0.0006$，即故障 $f(k)$ 发生 4 个时间步长后就被检测出来。

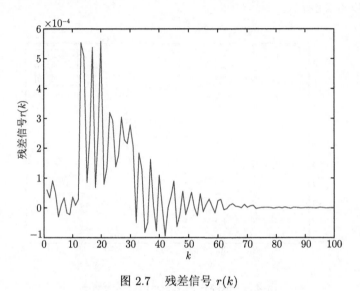

图 2.7   残差信号 $r(k)$

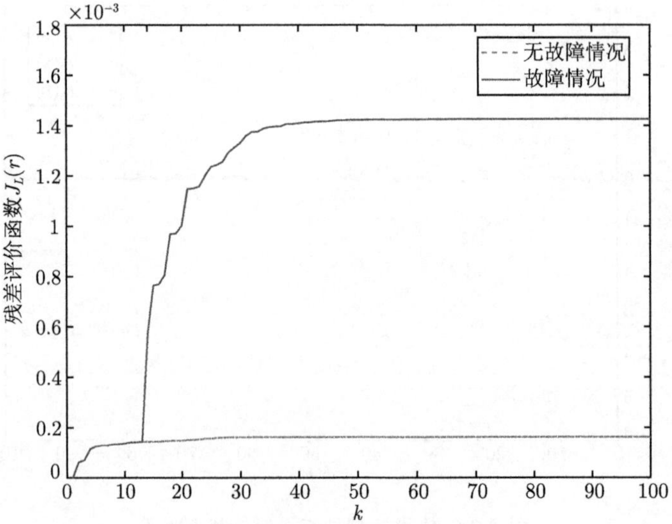

图 2.8   残差评价函数 $J_L(r)$

根据图 2.5和图 2.6，可以验证故障检测动态系统 (2.27) 是输入–输出均方稳定的。从图 2.7和图 2.8可以看到，设计的 FFDF 可以有效地检测故障。

2.5 本 章 小 结

本章研究了一类带有多包丢失的离散时滞模糊 NCS 故障检测问题。首先，利用新的模型变换方法将离散时间 T–S 模糊系统转化为互联子系统形式，并设计基于观测器的 FFDF 使故障检测动态系统为输入–输出稳定且具有 H_∞ 性能。然后，采用输入–输出方法和时滞分解技术，获得保守性更小的渐近稳定条件。最后，仿真结果验证了 FFDF 的有效性和优越性。

参 考 文 献

[1] Chen J, Patton R J. Robust Model-Based Fault Diagnosis for Dynamic Systems. Boston: Kluwer, 1999.

[2] Ding S X. Model-Based Fault Diagnosis Techniques-Design Schemes, Algorithms and Tools. Berlin: Springer, 2008.

[3] Zhong M Y, Ding S X, Lam J, et al. An LMI approach to design robust fault detection filter for uncertain LTI systems. Automatica, 2003, 39(3): 543–550.

[4] Zhong M Y, Ye H, Shi P, et al. Fault detection for Markovian jump systems. IEE Proceedings of Control Theory and Applications, 2005, 152(4): 397–402.

[5] Wang D, Wang W, Shi P. Robust fault detection for switched linear systems with state delays. IEEE Transactions on Systems Man and Cybernetics B, 2009, 39(3): 800–805.

[6] Mao Z H, Jiang B, Shi P. Protocol and fault detection design for nonlinear networked control systems. IEEE Transactions on Circuits and Systems, 2009, 56(3): 255–259.

[7] Wang Y Q, Ye H, Ding S X, et al. Residual generation and evaluation of networked control systems subject to random packet dropout. Automatica, 2009, 45(10): 2427–2434.

[8] Takagi T, Sugeno M. Fuzzy identification of systems and its applications to modeling and control. IEEE Transactions on Systems, Man, and Cybernetics, Part B: Cybernetics, 1985, 15(1): 116–132.

[9] Tanaka K, Wang H O. Fuzzy Control Systems Design and Analysis: A Linear Matrix Inequality Approach. New York: Wiley, 2001.

[10] Wu L, Su X, Shi P, et al. A new approach to stability analysis and stabilization of discrete-time T-S fuzzy time-varying delay systems. IEEE Transactions on Systems, Man, and Cybernetics, Part B: Cybernetics, 2011, 41(1): 273–286.

[11] Wu L, Su X, Shi P, et al. Model approximation for discrete-time state-delay systems in the T-S fuzzy framework. IEEE Transactions on Fuzzy Systems, 2011, 19(2): 366–378.

[12] Zhao Y, Lam J, Gao H J. Fault detection for fuzzy systems with intermittent measurements. IEEE Transactions on Fuzzy Systems, 2009, 17(2): 398–410.

[13] Dong H L, Wang Z D, Lam J, et al. Fuzzy-model-based robust fault detection with stochastic mixed time delays and successive packet dropouts. IEEE Transactions on Systems, Man, and Cybernetics, Part B: Cybernetics, 2012, 42(2): 365–376.

[14] Nguang S K, Shi P, Ding S X. Fault detection for uncertain fuzzy systems: an LMI approach. IEEE Transactions on Fuzzy Systems, 2007, 15(6): 1251–1262.

[15] Zhang H, Yang J, Su C Y. T-S fuzzy-model-based robust H_∞ design for networked control systems with uncertainties. IEEE Transactions on Industrial Informatics, 2007, 3(4): 289–301.

[16] Dong H L, Wang Z D, Gao H J. Observer-based H_∞ control for systems with repeated scalar nonlinearities and multiple packet losses. International Journal of Robust and Nonlinear Control, 2010, 20(12): 1363–1378.

[17] Zhang C Z, Feng G, Gao H J, et al. H_∞ filtering for nonlinear discrete-time systems subject to quantization and packet dropouts. IEEE Transactions on Fuzzy Systems, 2011, 19(2): 353–365.

[18] Gu K Q. An integral inequality in the stability problem of time-delay systems//Proceedings of the 39th IEEE Conference on Decision and Control, Sydney, 2000: 2805–2810.

[19] Gu K Q, Kharitonov V L, Chen J. Stability of Time-Delay Systems. Berlin: Springer, 2003.

[20] Jiang X F, Han Q L, Yu X H. Stability criteria for linear discrete-time systems with interval-like time-varying delay//Proceedings of the American Control Conference, Portland, 2005: 2817–2822.

[21] Shao H Y, Han Q L. New stability criteria for linear discrete-time systems with interval-like time-varying delays. IEEE Transactions on Automatic Control, 2011, 56(3): 619–625.

[22] Wu M, He Y, She J, et al. Delay-dependent criteria for robust stability of time-varying delay systems. Automatica, 2004, 40(8): 1435–1439.

[23] Park P, Ko J W, Jeong C. Reciprocally convex approach to stability of systems with time-varying delays. Automatica, 2011, 47(1): 235–238.

[24] Meng X Y, Lam J, Du B Z, et al. A delay-partitioning approach to the stability analysis of discrete-time systems. Automatica, 2010, 46(3): 610–614.

[25] Fridman E, Shaked U. Input-output approach to stability and L_2-gain analysis of systems with time-varying delays. Systems and Control Letters, 2006, 55(12): 1041–1053.

[26] Gu K Q, Zhang Y S, Xu S Y. Small gain problem in coupled differential-difference equations, time-varying delays, and direct Lyapunov method. International Journal of Robust and Nonlinear Control, 2011, 21(4): 429–451.

[27] Li X W, Gao H J. A new model transformation of discrete-time systems with time-varying delay and its application to stability analysis. IEEE Transactions on Automatic Control, 2011, 56(9): 2172–2178.

[28] Su X J, Shi P, Wu L G, et al. A novel approach to filter design for T-S fuzzy discrete-time systems with time-varying delay. IEEE Transactions on Fuzzy Systems, 2012, 20(6): 1114–1129.

[29] Zhang W, Branicky M, Phillips S. Stability of networked control systems. IEEE Control Systems Magazine, 2001, 21(1): 84–99.

[30] Boyd S, Ghaoui L E, Feron E, et al. Linear Matrix Inequalities in System and Control Theory. Philadelphia: SIAM, 1994.

[31] Ghaoui L E, Oustry F, Aitrami M. A cone complementarity linearization algorithm for static output-feedback and related problems. IEEE Transactions on Automatic Control, 1997, 42(8): 1171–1176.

第 3 章　带有量化和多包丢失的离散时滞网络控制系统故障检测和控制器协同设计

本章研究带有量化和数据包丢失的离散时滞模糊 NCS 故障检测和控制器协同设计问题。不同于第 2 章的故障检测结果，本章所提方法采用闭环故障检测策略，即考虑实际网络化系统的控制影响，协同设计控制器和 FDF。假设量化器至 FDF，以及控制器至被控对象间存在数据包丢失，且丢失概率满足二值伯努利分布。利用输入–输出和二项近似方法，将离散模糊网络系统转换为互联子系统。在允许的数据包丢失和量化条件下，设计 FFDF 保证残差系统随机稳定并具有满意的 H_∞ 性能。通过引入松弛矩阵，消除 Lyapunov 矩阵和系统矩阵的耦合，获得 FDF 存在的充分条件。仿真结果验证所提控制方案的有效性。

3.1　引　　言

近年来，NCS 因其众多优点及其在移动传感器网络、交通和飞行器、通信网络的广泛应用成为控制领域里的研究热点[1]。然而由于网络的引入，不可避免的会导致一些新问题，如网络诱导时滞、数据包丢失和量化[2-10]。上述问题会导致 NCS 的性能恶化或不稳定。因此，为保证 NCS 安全、可靠地运行，提出一种充分考虑网络传输信息特点的故障检测策略显得势在必行。

众所周知，非线性特性广泛存在于众多实际的工业生产过程中。针对网络非线性系统开展研究，不但在理论和实际应用中具有重要的意义，而且也是富有挑战性的研究课题[11-27]，如非线性系统的稳定性分析[13-15]、滤波器设计[16-19] 和控制器设计[20,21]。另外，随着通信网络的快速发展，以及对系统安全性和可靠性的更高要求，针对网络非线性系统的故障检测和诊断引起了广泛的研究兴趣。例如，文献 [22] 针对一类带有数据包丢失的非线性 NCS，利用输入–输出方法，设计 FDF，及时有效地检测出发生的故障。文献 [23] 针对一类带有随机时滞和数据包丢失的 T–S 模糊系统，设计了 FDF。除上述文献外，非线性网络化控制系统的故障检测其他代表性文献还有 [24]~ [27] 等。

目前关于 NCS 故障检测的文献，大多只是单方面设计 FDF 参数，当残差信号的残差评价函数超过阈值后代表着故障发生。实际的网络化系统往往受到控制作用的影响，这恰是现存大多数文献研究中忽略的问题。本章故障检测策略不同于现存故障检测的分析方法，这种新的闭环故障检测策略协同设计了控制器增益和 FDF 增益，可以保证闭环故障检测系统的稳定性且能及时有效地检测出故障。

3.2 问题描述

3.2.1 被控对象

考虑如下离散时滞 T–S 模糊系统。

被控对象规则 i: IF $\theta_1(k)$ 是 η_{i1} 和 $\theta_2(k)$ 是 η_{i2} 和 $\cdots$ 和 $\theta_p(k)$ 是 η_{ip}, THEN

$$
(\mathcal{S}): \begin{cases} x(k+1) = A_i x(k) + A_{\tau i} x(k - \tau(k)) + B_i u(k) + E_{1i} w(k) + F_{1i} f(k) \\ y(k) = C_i x(k) + E_{2i} w(k) + F_{2i} f(k) \\ x(k) = \phi(k), \quad k \in \mathbf{Z}^- \end{cases}
$$

$$(3.1)$$

其中，$x(k) \in \mathbf{R}^n$ 为状态向量；$u(k) \in \mathbf{R}^m$ 为控制输入；$w(k) \in \mathbf{R}^q$ 为扰动输入且属于 $l_2[0, \infty)$；$f(k) \in \mathbf{R}^l$ 为待检测故障；$y(k) \in \mathbf{R}^p$ 为测量输出向量；A_i、$A_{\tau i}$、B_i、C_i、E_{1i}、F_{1i}、E_{2i}、F_{2i} 为恰当维数的常值向量；$\phi(k)$ 为给定的初始条件；$\theta(k) = [\theta_1(k), \theta_2(k), \cdots, \theta_p(k)]$ 为前提变量；η_{ij} 为模糊集合，$i = 1, 2, \cdots, r$ 为模糊规则个数；$\tau(k)$ 为时变时滞，满足 $\tau_1 \leqslant \tau(k) \leqslant \tau_2$，$\tau_1$ 和 τ_2 为已知时变时滞 $\tau(k)$ 的下界和上界。

上述离散 T–S 模糊时滞系统可以用更紧凑的形式来描述，即

$$
x(k+1) = \sum_{i=1}^r h_i(\theta(k)) \big(A_i x(k) + A_{\tau i} x(k - \tau(k)) + B_i u(k) + E_{1i} w(k) + F_{1i} f(k) \big)
$$

$$
y(k) = \sum_{i=1}^r h_i(\theta(k)) \big(C_i x(k) + E_{2i} w(k) + F_{2i} f(k) \big)
$$

$$(3.2)$$

其中，$h_i(\theta(k))$ 为隶属度函数且满足 $h_i(\theta(k)) = \dfrac{\prod\limits_{j=1}^p \eta_{ij}(\theta_j(k))}{\sum\limits_{i=1}^r \prod\limits_{j=1}^p \eta_{ij}(\theta_j(k))}$；$\eta_{ij}(\theta_j(k))$ 为 $\theta_j(k)$ 属于 η_{ij} 模糊集合中的隶属度，对于所有的 k，$h_i(\theta(k)) \geqslant 0$，$i = 1, 2, \cdots, r$ 且满足 $\sum\limits_{i=1}^r h_i(\theta(k)) = 1$。

3.2.2　测量量化

假设测量输出先经量化器进行量化，然后通过网络传输到 FFDF。选用如下对数量化器结构，即

$$q(\cdot) = (q^{(1)}(\cdot), q^{(2)}(\cdot), \cdots, q^{(p)}(\cdot))^{\mathrm{T}} \tag{3.3}$$

其中，$q^j(\cdot)$ 满足量化标准 $0 < \rho^{(j)} < 1$，即 $q^{(j)}(-y_j(k)) = -q^{(j)}(y_j(k))$，$j = 1, 2, \cdots, p$。

对于任意的 j，量化器满足如下的量化标准，即

$$\mathcal{U}^j = \{\pm u_i^{(j)} | u_i^{(j)} = (\rho^{(j)})^i u_0^{(j)}, i = \pm 1, \pm 2, \cdots\} \cup \{\pm u_0^{(j)}\} \cup \{0\}, \quad u_0^{(j)} > 0 \tag{3.4}$$

其中，$\rho^{(j)}$ 为子量化器 $q^j(\cdot)$ 的量化密度，代表第 j 个子量化器 $q^j(\cdot)$ 初始的量化值。

量化器定义为

$$q^{(j)}(y_j(k)) = \begin{cases} u_i^{(j)}, & \dfrac{u_i^{(j)}}{(1 + o^{(j)})} < y_j(k) \leqslant \dfrac{u_i^{(j)}}{(1 - o^{(j)})} \\ 0, & y_j(k) = 0 \\ -q^j(-y_j(k)), & y_j(k) < 0 \end{cases} \tag{3.5}$$

其中，$o^{(j)} = \dfrac{1 - \rho^{(j)}}{1 + \rho^{(j)}}$。

借助扇区界方法[17]，处理量化作用产生的量化误差，即

$$q(y(k)) - y(k) = \Delta(k)y(k) \tag{3.6}$$

其中，$\Delta(k) = \mathrm{diag}\{\Delta_1(k), \Delta_2(k), \cdots, \Delta_p(k)\}$，$\Delta_j(k) \in (-o^{(j)}, o^{(j)})$。

3.2.3　闭环故障检测滤波器和控制器设计

故障检测策略的一个重要步骤是设计 FDF 产生残差信号，要求残差信号对故障要尽可能的敏感。本节采用一种新的闭环 FDF 和控制器协同设计策略，保证残差系统渐近稳定且能及时有效地检测故障。带有量化和数据包丢失的闭环故障检测结构如图 3.1所示。

闭环 FDF 和控制器通过并行分布式补偿策略可以表示为如下形式。

FFDF 规则 i: IF $\theta_1(k)$ 是 η_{i1} 和 $\theta_2(k)$ 是 η_{i2} 和 $\cdots$ 和 $\theta_p(k)$ 是 η_{ip}, THEN

$$\hat{x}(k + 1) = A_{Fi}\hat{x}(k) + B_{Fi}y_F(k)$$
$$r(k) = C_{Fi}\hat{x}(k) + D_{Fi}y_F(k) \tag{3.7}$$

其中，$\hat{x}(k) \in \mathbf{R}^n$ 为滤波器估计状态向量；$r(k) \in \mathbf{R}^l$ 为残差信号；A_{Fi}、B_{Fi}、C_{Fi} 和 D_{Fi} 为待设计的 FDF 增益。

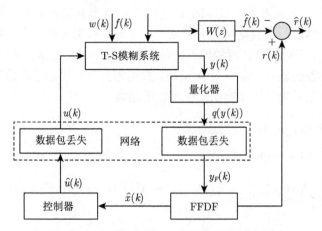

图 3.1　带有量化和数据包丢失的闭环故障检测结构

上述 FFDF 可以表示为

$$\hat{x}(k+1) = \sum_{i=1}^{r} h_i(\theta(k))\big(A_{Fi}\hat{x}(k) + B_{Fi}y_F(k)\big)$$

$$r(k) = \sum_{i=1}^{r} h_i(\theta(k))\big(C_{Fi}\hat{x}(k) + D_{Fi}y_F(k)\big) \tag{3.8}$$

控制器规则 i: IF $\theta_1(k)$ 是 η_{i1} 和 $\theta_2(k)$ 是 η_{i2} 和 $\cdots$ 和 $\theta_p(k)$ 是 η_{ip}, THEN

$$\hat{u}(k) = K_i\hat{x}(k) \tag{3.9}$$

其中，$\hat{u}(k)$ 为未丢包时控制输入；K_i 为待求的控制器增益。

上述模糊控制器可以表示为

$$\hat{u}(k) = \sum_{i=1}^{r} h_i(\theta(k))K_i\hat{x}(k) \tag{3.10}$$

注释 3.1　需要特别指出的是，考虑网络化系统中的控制影响是更加恰当和符合实际的。与现存文献结果不同，本章设计的故障检测策略为闭环故障检测策略，即在故障发生条件下，协同设计 FDF 增益 A_{Fi}、B_{Fi}、C_{Fi}、D_{Fi} 和控制器增益 K_i。新协同设计策略不但能及时有效地检测故障，而且会增加设计的自由度和灵活性。

3.2.4 数据包丢失的通信网络

在带有量化和数据包丢失的闭环故障检测结构中，非线性被控对象被描述成 T–S 模糊模型。由于量化器和 FFDF 之间及控制器和被控对象之间存在通信媒介，不可避免地会产生数据包丢失现象。由于数据包丢失的存在，被控对象的量化输出 $q(y(k))$ 不再与滤波器的输入等价，即 $q(y(k)) \neq y_F(k)$。控制器输出也不等同于被控对象的输入，即 $\hat{u}(k) \neq u(k)$。数据包丢失可以描述成伯努利分布的白噪声序列。多包丢失的测量输出模型可以描述为

$$
\begin{aligned}
y_F(k) &= \varXi(k)q(y(k)) \\
&= \varXi(k)(I + \Delta(k))y(k) \\
&= \sum_{i=1}^{r} h_i(\theta(k)) \sum_{t_1=1}^{p} \alpha_{t_1}(k)\zeta_{t_1}(I + \Delta(k))(C_i x(k) + E_{2i}w(k) + F_{2i}f(k))
\end{aligned}
$$

$$(3.11)$$

其中，$\varXi(k) = \mathrm{diag}\{\alpha_1(k), \alpha_2(k), \cdots, \alpha_p(k)\}$；$\zeta_{t_1} = \mathrm{diag}\{\overbrace{0, \cdots, 0}^{t_1-1}, 1, \overbrace{0, \cdots, 0}^{p-t_1}\}$；$\alpha_{t_1}(k)(t_1 = 1, 2, \cdots, p)$ 为 p 个不相关的白噪声序列，满足 $\mathrm{Prob}\{\alpha_{t_1}(k) = 1\} = \alpha_{t_1}$ 和 $\bar{\varXi} = \mathrm{diag}\{\alpha_1, \alpha_2, \cdots, \alpha_p\}$。

控制输入在多包丢失下描述为

$$
u(k) = \varOmega(k)\hat{u}(k) = \sum_{i=1}^{r} h_i(\theta(k)) \sum_{t_2=1}^{m} \beta_{t_2}(k)\varepsilon_{t_2} K_i \hat{x}(k) \tag{3.12}
$$

其中，$\varOmega(k) = \mathrm{diag}\{\beta_1(k), \beta_2(k), \cdots, \beta_m(k)\}$；$\varepsilon_{t_2} = \mathrm{diag}\{\overbrace{0, \cdots, 0}^{t_2-1}, 1, \overbrace{0, \cdots, 0}^{m-t_2}\}$；$\beta_{t_2}(k)(t_2 = 1, 2, \cdots, m)$ 是 m 个不相关的白噪声序列，满足 $\mathrm{Prob}\{\beta_{t_2}(k) = 1\} = \beta_{t_2}$ 和 $\bar{\varOmega} = \mathrm{diag}\{\beta_1, \beta_2, \cdots, \beta_m\}$。

注释 3.2 本章用对角矩阵 $\varXi(k)$ 和 $\varOmega(k)$ 分别表示量化器到 FFDF 和控制器到被控对象间的数据包丢失现象。在实际 NCS 中，由于通信带宽的限制，不同的传感器间会产生不同的丢包率。因此，不同于现存文献 [8], [23], [25] 将所有数据输出假设在一个单包中传输的情况，本章将不同丢包率表示为更一般的相互独立的白噪声序列。

3.2.5 故障加权系统

为实现故障检测的目的，没有必要去估计真实故障 $f(k)$。本节选择与第 2 章相同的加权故障形式，将故障信号假设在特定的频率间隔内，即 $\hat{f}(z) = W(z)f(z)$，$W(z)$ 是给定的正定加权矩阵。最小化实现 $\hat{f}(z) = W(z)f(z)$ 可以表示为

$$\bar{x}(k+1) = A_w \bar{x}(k) + B_w f(k)$$
$$\hat{f}(k) = C_w \bar{x}(k) + D_w f(k) \tag{3.13}$$

其中，$\bar{x}(k) \in \mathbf{R}^{\bar{n}}$ 为加权故障的状态；$\hat{f}(k) \in \mathbf{R}^l$ 为加权故障；A_w、B_w、C_w 和 D_w 为已知的常值矩阵。

本章的目标是，设计 FDF 使残差和加权故障间的误差尽可能得小。

3.2.6 残差评价

残差评价函数用来估计产生的残差信号，本章使用以下残差评价函数和阈值函数，即

$$J_L(r) = E\left\{ \parallel r(k) \parallel_{2,L} \right\} = E\left\{ \left(\sum_{k=l_0}^{l_0+L} r^{\mathrm{T}}(k)r(k) \right)^{1/2} \right\} \tag{3.14}$$

$$J_{\mathrm{th}} = \sup_{w \in l_2, f=0} E\left\{ \parallel r(k) \parallel_{2,L} \right\} \tag{3.15}$$

其中，l_0 为初始评价时间值；L 为评价时间窗的长度。

设计的 FDF 为能够及时有效地检测故障，时间窗的长度 L 应设置为有限的。故障决策标准为

$$\begin{cases} J_L(r) > J_{\mathrm{th}} \Rightarrow \text{检测出故障} \Rightarrow \text{报警} \\ J_L(r) \leqslant J_{\mathrm{th}} \Rightarrow \text{无故障} \end{cases} \tag{3.16}$$

3.2.7 残差系统

定义如下符号变量，即

$$A(h) = \sum_{i=1}^{r} h_i(\theta(k))A_i, \quad A_\tau(h) = \sum_{i=1}^{r} h_i(\theta(k))A_{\tau i}, \quad B(h) = \sum_{i=1}^{r} h_i(\theta(k))B_i$$

$$C(h) = \sum_{i=1}^{r} h_i(\theta(k))C_i, \quad E_1(h) = \sum_{i=1}^{r} h_i(\theta(k))E_{1i}, \quad E_2(h) = \sum_{i=1}^{r} h_i(\theta(k))E_{2i}$$

$$F_1(h) = \sum_{i=1}^{r} h_i(\theta(k))F_{1i}, \quad F_2(h) = \sum_{i=1}^{r} h_i(\theta(k))F_{2i}$$

残差信号满足下式，即

$$\hat{r}(k) = r(k) - \hat{f}(k) \tag{3.17}$$

根据式 (3.2)、式 (3.7)~式 (3.13)、式 (3.17)，可以得到残差动态系统 ($\mathcal{S}$)，即

$$(\mathcal{S}): \begin{cases} \xi(k+1) = \Big(\mathcal{A}_1(h) + \sum_{t_2=1}^{m} \bar{\beta}_{t_2}(k)\mathcal{A}_{2t_2}(h) + \sum_{t_1=1}^{p} \bar{\alpha}_{t_1}(k)\mathcal{A}_3(h)\Big)\xi(k) \\ \qquad\quad + \mathcal{A}_\tau(h)\xi(k-\tau(k)) + \Big(\mathcal{B}_1(h) + \sum_{t_1=1}^{p} \bar{\alpha}_{t_1}(k)\mathcal{B}_2(h)\Big)v(k) \\ \hat{r}(k) = \Big(\mathcal{C}_1(h) + \sum_{t_1=1}^{p} \bar{\alpha}_{t_1}(k)\mathcal{C}_2(h)\Big)\xi(k) + \Big(\mathcal{D}_1(h) + \sum_{t_1=1}^{p} \bar{\alpha}_{t_1}(k)\mathcal{D}_2(h)\Big)v(k) \end{cases}$$

$$(3.18)$$

其中，

$$\mathcal{A}_1(h) = \bar{A}_1(h) + M_1(h)\Delta(k)N_1(h);$$

$$\mathcal{A}_3(h) = \bar{A}_{3t_1}(h) + M_{2t_1}(h)\Delta(k)N_1(h);$$

$$\mathcal{B}_1(h) = \bar{B}_1(h) + M_1(h)\Delta(k)N_2(h);$$

$$\mathcal{B}_2(h) = \bar{B}_{2t_1}(h) + M_{2t_1}(h)\Delta(k)N_2(h);$$

$$\mathcal{C}_1(h) = \bar{C}_1(h) + D_F(h)\bar{\Xi}\Delta(k)N_1(h);$$

$$\mathcal{C}_2(h) = \bar{C}_{2t_1}(h) + D_F(h)\zeta_{t_1}\Delta(k)N_1(h);$$

$$\mathcal{D}_1(h) = \bar{D}_1(h) + D_F(h)\bar{\Xi}\Delta(k)N_2(h);$$

$$\mathcal{D}_2(h) = \bar{D}_{2t_1}(h) + D_F(h)\zeta_{t_1}\Delta(k)N_2(h);$$

$$\bar{A}_1(h) = \begin{bmatrix} A(h) & B(h)\bar{\Omega}K(h) & 0 \\ B_F(h)\bar{\Xi}C(h) & A_F(h) & 0 \\ 0 & 0 & A_w \end{bmatrix};$$

$$\mathcal{A}_{2t_2}(h) = \begin{bmatrix} 0 & B(h)\varepsilon_{t_2}K(h) & 0 \\ 0 & 0 & 0 \\ 0 & 0 & 0 \end{bmatrix}; \quad \bar{A}_{3t_1}(h) = \begin{bmatrix} 0 & 0 & 0 \\ B_F(h)\zeta_{t_1}C(h) & 0 & 0 \\ 0 & 0 & 0 \end{bmatrix};$$

$$\mathcal{A}_\tau(h) = \begin{bmatrix} A_\tau(h) & 0 & 0 \\ 0 & 0 & 0 \\ 0 & 0 & 0 \end{bmatrix}; M_1(h) = \begin{bmatrix} 0 \\ B_F(h)\bar{\Xi} \\ 0 \end{bmatrix};$$

$$\bar{B}_1(h) = \begin{bmatrix} E_1(h) & F_1(h) \\ B_F(h)\bar{\Xi}E_2(h) & B_F(h)\bar{\Xi}F_2(h) \\ 0 & B_w \end{bmatrix}; M_{2t_1}(h) = \begin{bmatrix} 0 \\ B_F(h)\zeta_{t_1} \\ 0 \end{bmatrix};$$

$$\bar{B}_{2t_1}(h) = \begin{bmatrix} 0 & 0 \\ B_F(h)\zeta_{t_1}E_2(h) & B_F(h)\zeta_{t_1}F_2(h) \\ 0 & 0 \end{bmatrix};$$

$$\bar{C}_1(h) = \begin{bmatrix} D_F(h)\bar{\Xi}C(h), & C_F(h), & -C_w \end{bmatrix};$$

$$\bar{C}_{2t_1}(h) = \begin{bmatrix} D_F(h)\zeta_{t_1}C(h), & 0, & 0 \end{bmatrix}; N_1(h) = \begin{bmatrix} C(h), & 0, & 0 \end{bmatrix};$$

$$N_2(h) = \begin{bmatrix} E_2(h), & F_2(h) \end{bmatrix};$$

$$\bar{D}_1(h) = \begin{bmatrix} D_F(h)\bar{\Xi}E_2(h), & D_F(h)\bar{\Xi}F_2(h) - D_w \end{bmatrix};$$

$$\xi(k) = \begin{bmatrix} x^{\mathrm{T}}(k), & \hat{x}^{\mathrm{T}}(k), & \bar{x}^{\mathrm{T}}(k) \end{bmatrix}^{\mathrm{T}};$$

$$\bar{D}_{2t_1}(h) = \begin{bmatrix} D_F(h)\zeta_{t_1}E_2(h), & D_F(h)\zeta_{t_1}F_2(h) \end{bmatrix};$$

$$v(k) = \begin{bmatrix} w^{\mathrm{T}}(k), & f^{\mathrm{T}}(k) \end{bmatrix}^{\mathrm{T}}。$$

定义 $\bar{\alpha}_{t_1}(k) = \alpha_{t_1}(k) - \alpha_{t_1}$，$(t_1 = 1, 2, \cdots, p)$，可以得到 $E\{\bar{\alpha}_{t_1}(k)\} = 0$、$E\{\bar{\alpha}_{t_1}(k)\bar{\alpha}_{t_1}(k)\} = \mu_{t_1}^2$、$\mu_{t_1} = \sqrt{\alpha_{t_1}(1 - \alpha_{t_1})}$。同理，定义 $\bar{\beta}_{t_2}(k) = \beta_{t_2}(k) - \beta_{t_2}$，$(t_2 = 1, 2, \cdots, m)$，可以得到 $E\{\bar{\beta}_{t_2}(k)\} = 0$、$E\{\bar{\beta}_{t_2}(k)\bar{\beta}_{t_2}(k)\} = \nu_{t_2}^2$、$\nu_{t_2} = \sqrt{\beta_{t_2}(1 - \beta_{t_2})}$。

在给定 FFDF 设计策略之前，首先介绍如下定义和引理。

定义 3.1 对于任意的初始条件 $\xi(0)$，若存在一个正定矩阵 $W > 0$，当 $v(k) = 0$ 时满足如下条件，即

$$E\left\{ \sum_{k=0}^{\infty} \xi^{\mathrm{T}}(k)\xi(k) \mid \xi(0) \right\} < \xi^{\mathrm{T}}(0)W\xi(0) \tag{3.19}$$

则系统 (3.18) 是指数均方稳定的。

根据定义 3.1，设计 H_∞ FDF 使残差系统 (3.18) 满足如下指数均方稳定的条件。

对于离散 T–S 模糊时滞系统 (3.2)，给定整数 $\tau_2 > \tau_1 \geqslant 0$ 和 H_∞ 性能指标 $\gamma > 0$，设计的 FDF 增益 $A_F(h)$、$B_F(h)$、$C_F(h)$、$D_F(h)$ 及控制器增益 $K(h)$ 满足如下条件。

① (随机稳定性) 当 $v(k) = 0$ 时，FDF 系统 (3.18) 在零初始条件下是随机稳定的。

② (H_∞ 性能) 对于所有非零的 $v(k) \in l_2[0, \infty)$ 和预设值 γ，在零初始条件下满足如下 H_∞ 性能指标，即

$$E\left\{ \sum_{k=0}^{+\infty} \| \hat{r}(k) \|^2 \right\} < \gamma^2 E\left\{ \sum_{k=0}^{+\infty} \|v(k)\|^2 \right\} \tag{3.20}$$

定义 $\hat{v}(k) = \gamma v(k)$，式 (3.20) 中的 H_∞ 性能指标可转换为

$$E\left\{\sum_{k=0}^{+\infty} \| \hat{r}(k) \|^2 \right\} < E\left\{\sum_{k=0}^{+\infty} \|\hat{v}(k)\|^2 \right\} \tag{3.21}$$

引理 3.1[17] 给定恰当维数矩阵 Λ_1、Λ_2 和 Λ_3，且满足 $\Lambda_1 = \Lambda_1^{\mathrm{T}}$，对于所有的 $\Sigma(k)$ 满足 $\Sigma^{\mathrm{T}}(k)\Sigma(k) \leqslant I$，有如下不等式成立，即

$$\Lambda_1 + \Lambda_3 \Sigma(k)\Lambda_2 + \Lambda_2^{\mathrm{T}}\Sigma^{\mathrm{T}}(k)\Lambda_3^{\mathrm{T}} < 0$$

当且仅当存在 $\epsilon > 0$，满足下式，即

$$\Lambda_1 + \epsilon^{-1}\Lambda_3\Lambda_3^{\mathrm{T}} + \epsilon\Lambda_2^{\mathrm{T}}\Lambda_2 < 0$$

3.3 主 要 结 论

本节首先将残差系统 (3.18) 转化为互联子系统 (2.16) 的形式。然后，通过输入–输出方法 (标度小增益定理)，设计闭环 FFDF (3.7) 和控制器 (3.9)，使系统 (3.18) 满足输入–输出均方稳定。

3.3.1 模型变换

采用第 2 章模型变换方法，将系统 (3.18) 中所有不确定性从原系统中提取出来，转化为两个互联子系统 (2.16) 的形式，$\mathcal{S}_1$ 是线性时不变系统，$\mathcal{T}$ 包含所有的不确定性。为将时变时滞 $\tau(k)$ 从原系统中提取出来，$\xi(k - \tau(k))$ 可以改写为

$$\xi(k - \tau(k)) = \frac{1}{2}\big(\xi(k - \tau_1) + \xi(k - \tau_2)\big) + \frac{\tau_{12}}{2}\delta_d(k) \tag{3.22}$$

其中，$(1/2)(\xi(k - \tau_1) + \xi(k - \tau_2))$ 为 $\xi(k - \tau(k))$ 的近似；$(\tau_{12}/2)\delta_d(k)$ 为模型近似误差，$\tau_{12} \overset{\text{def}}{=} \tau_2 - \tau_1$。

根据式 (3.22)，故障检测动态系统 (3.18) 可表示为

$$\xi(k+1) = \Big(\mathcal{A}_1(h) + \sum_{t_2=1}^{m} \bar{\beta}_{t_2}(k)\mathcal{A}_{2t_2}(h) + \sum_{t_1=1}^{p} \bar{\alpha}_{t_1}(k)\mathcal{A}_3(h)\Big)\xi(k)$$

$$+ \frac{1}{2}\mathcal{A}_\tau(h)\big(\xi(k - \tau_1) + \xi(k - \tau_2)\big) + \frac{\tau_{12}}{2}\mathcal{A}_\tau(h)\delta_d(k)$$

$$+ \Big(\mathcal{B}_1(h) + \sum_{t_1=1}^{p} \bar{\alpha}_{t_1}(k)\mathcal{B}_2(h)\Big)v(k) \tag{3.23}$$

定义 $\sigma_d(k) \overset{\text{def}}{=} \xi(k+1) - \xi(k)$，容易得到下式，即

$$\delta_d(k) = \frac{2}{\tau_{12}}\Big[\xi(k - \tau(k)) - \frac{1}{2}\big(\xi(k - \tau_1) + \xi(k - \tau_2)\big)\Big]$$

$$=\frac{1}{\tau_{12}}\bigg(\sum_{i=k-\tau_2}^{k-\tau(k)-1}\sigma_d(i)-\sum_{i=k-\tau(k)}^{k-\tau_1-1}\sigma_d(i)\bigg)$$

$$=\frac{1}{\tau_{12}}\sum_{i=k-\tau_2}^{k-\tau_1-1}\varphi(i)\sigma_d(i) \tag{3.24}$$

其中

$$\varphi(i)\overset{\text{def}}{=}\begin{cases}1, & i\leqslant k-\tau(k)-1\\ -1, & i>k-\tau(k)-1\end{cases}$$

考虑 $\sigma_d(k)$ 到 $\delta_d(k)$ 的算子 $\mathcal{T}_d$, 即

$$\mathcal{T}_d:\sigma_d(k)\to\delta_d(k)=\frac{1}{\tau_{12}}\sum_{i=k-\tau_2}^{k-\tau_1-1}\varphi(i)\sigma_d(i) \tag{3.25}$$

由引理 3.2, 可获得 $\parallel\mathcal{T}_d\parallel_\infty\leqslant 1$。

引理 3.2 算子 $\mathcal{T}_d:\sigma_d(k)\to\delta_d(k)$ 满足 $\parallel\mathcal{T}_d\parallel_\infty\leqslant 1$。

证明 利用 Jensen 不等式, 同时考虑式 (3.25) 中的算子 $\mathcal{T}_d$, 在零初始条件下, 可得下式, 即

$$E\{\parallel\delta_d(k)\parallel_2^2\}=\frac{1}{\tau_{12}^2}E\bigg\{\sum_{i=0}^{\infty}\bigg(\sum_{i=k-\tau_2}^{k-\tau_1-1}\varphi(i)\sigma_d^{\mathrm{T}}(i)\bigg)\bigg(\sum_{i=k-\tau_2}^{k-\tau_1-1}\varphi(i)\sigma_d(i)\bigg)\bigg\}$$

$$\leqslant\frac{1}{\tau_{12}^2}E\bigg\{\sum_{i=0}^{\infty}\bigg[(\tau_2-\tau_1)\sum_{i=k-\tau_2}^{k-\tau_1-1}\varphi^2(i)\sigma_d^{\mathrm{T}}(i)\sigma_d(i)\bigg]\bigg\}$$

$$=\frac{1}{\tau_{12}}E\bigg\{\sum_{j=-\tau_2}^{-\tau_1-1}\sum_{i=0}^{\infty}\sigma_d^{\mathrm{T}}(i+j)\sigma_d(i+j)\bigg\}$$

$$\leqslant\frac{1}{\tau_{12}}E\bigg\{\sum_{j=-\tau_2}^{-\tau_1-1}\sum_{i=0}^{\infty}\sigma_d^{\mathrm{T}}(i)\sigma_d(i)\bigg\}$$

$$=E\{\parallel\sigma_d(k)\parallel_2^2\} \tag{3.26}$$

根据式 (3.26), 可得 $\parallel\mathcal{T}_d\parallel_\infty\leqslant 1$。

证毕.

接下来, 利用输入–输出方法将式 (3.23) 表示成如下互联子系统, 即

$$\mathcal{S}_1:\begin{bmatrix}\xi(k+1)\\ \sigma_d(k)\\ \hat{r}(k)\end{bmatrix}=\mathcal{G}\varpi(k)$$

$$
= \begin{bmatrix}
\Phi_1 & \dfrac{\tau_{12}}{2}\mathcal{A}_\tau(h) & \gamma^{-1}\left(\mathcal{B}_1(h)+\displaystyle\sum_{t_1=1}^{p}\bar{\alpha}_{t_1}(k)\mathcal{B}_2(h)\right) \\[3mm]
\Phi_2 & \dfrac{\tau_{12}}{2}\mathcal{A}_\tau(h) & \gamma^{-1}\left(\mathcal{B}_1(h)+\displaystyle\sum_{t_1=1}^{p}\bar{\alpha}_{t_1}(k)\mathcal{B}_2(h)\right) \\[3mm]
\Phi_3 & 0 & \gamma^{-1}\left(\mathcal{D}_1(h)+\displaystyle\sum_{t_1=1}^{p}\bar{\alpha}_{t_1}(k)\mathcal{D}_2(h)\right)
\end{bmatrix} \varpi(k)
$$

$$
\mathcal{S}_2:\ \delta_d(k)=\mathcal{T}_d\sigma_d(k) \tag{3.27}
$$

其中

$$
\Phi_1 = \left[\ \mathcal{A}_1(h)+\sum_{t_2=1}^{m}\bar{\beta}_{t_2}(k)\mathcal{A}_{2t_2}(h)+\sum_{t_1=1}^{p}\bar{\alpha}_{t_1}(k)\mathcal{A}_3(h),\ \ \frac{1}{2}\mathcal{A}_\tau(h),\ \ \frac{1}{2}\mathcal{A}_\tau(h)\ \right]
$$

$$
\Phi_2 = \left[\ \mathcal{A}_1(h)+\sum_{t_2=1}^{m}\bar{\beta}_{t_2}(k)\mathcal{A}_{2t_2}(h)+\sum_{t_1=1}^{p}\bar{\alpha}_{t_1}(k)\mathcal{A}_3(h)-I,\ \ \frac{1}{2}\mathcal{A}_\tau(h),\ \ \frac{1}{2}\mathcal{A}_\tau(h)\ \right]
$$

$$
\Phi_3 = \left[\ \mathcal{C}_1(h)+\sum_{t_1=1}^{p}\bar{\alpha}_{t_1}(k)\mathcal{C}_2(h),\ \ 0,\ \ 0\ \right]
$$

$$
\varpi(k)=\mathrm{col}\{\bar{\xi}(k),\delta_d(k),\hat{v}(k)\}
$$
$$
\bar{\xi}(k)=\mathrm{col}\{\xi(k),\xi(k-\tau_1),\xi(k-\tau_2)\}
$$

引理 3.3　假设 $\mathcal{S}_1$ 对式 (3.27) 是内稳定的，对算子 $\mathcal{T}_d$，若存在非奇异矩阵 $\hat{X}=\mathrm{diag}\{\bar{X},I\}>0$ 满足下式，即

$$
\|\hat{X}\circ\mathcal{G}\circ\hat{X}^{-1}\|_\infty<1 \tag{3.28}
$$

则闭环互联系统 (3.27) 是输入–输出稳定的，且满足 H_∞ 性能指标 γ。

注释 3.3　对互联系统 (3.27)，引理 (3.3) 中的充分条件可转化为以下条件，即假设 $\mathcal{S}_1$ 对式 (3.27) 是内稳定的，若存在矩阵 $X=\bar{X}^{\mathrm{T}}\bar{X}$ 满足下式，即

$$
\begin{aligned}
J &\stackrel{\mathrm{def}}{=} \sum_{k=0}^{\infty}\left(\sigma_d^{\mathrm{T}}(k)X\sigma_d(k)-\delta_d^{\mathrm{T}}(k)X\delta_d(k)+\hat{r}^{\mathrm{T}}(k)\hat{r}(k)-\hat{v}^{\mathrm{T}}(k)\hat{v}(k)\right)\\
&=\sum_{k=0}^{\infty}\left(\sigma_d^{\mathrm{T}}(k)X\sigma_d(k)-\delta_d^{\mathrm{T}}(k)X\delta_d(k)+\hat{r}^{\mathrm{T}}(k)\hat{r}(k)-\gamma^2 v^{\mathrm{T}}(k)v(k)\right)\\
&<0
\end{aligned}
$$

则闭环互联系统是输入–输出均方稳定的，且满足期望的 H_∞ 性能 γ。

3.3.2　H_∞ 性能分析

接下来给出 H_∞ 性能分析结果，作为后续 FFDF 设计的基础。

定理 3.1 故障检测动态系统 (3.27) 是输入–输出稳定的，且保证 H_∞ 性能指标 γ。若存在正定矩阵 P、R_1、R_2、Q_1、Q_2、X、D_1、D_2、D_3、G_1、G_2、G_3 和矩阵 H_1、H_2、H_3、Z_1、Z_2、Z_3，以及标量 $\epsilon > 0$，对于任意的 $i,j = 1,2,\cdots,r$ 满足如下矩阵不等式，即

$$
\hat{\Gamma}_{ij} = \begin{bmatrix}
\Gamma_{11} & 0 & 0 & 0 & \mathrm{col}\{\bar{\Gamma}_2,\bar{\Gamma}_3,\bar{\Gamma}_3,\bar{\Gamma}_3\} & 1_4 \otimes M_{1i} \\
* & \Gamma_{22} & 0 & 0 & \begin{bmatrix} \bar{\Gamma}_4, & 0, & 0, & 0, & \bar{\Gamma}_5 \end{bmatrix} & 1_4 \otimes M_{2i} \\
* & * & \Gamma_{33} & 0 & \begin{bmatrix} \bar{\Gamma}_6, & 0, & 0, & 0, & 0 \end{bmatrix} & 0 \\
* & * & * & \Gamma_{44} & \begin{bmatrix} \bar{\Gamma}_7, & 0, & 0, & 0, & \bar{\Gamma}_8 \end{bmatrix} & \mathrm{col}\{D_{Fi}\bar{\Xi},D_{Fi}\bar{\mu}\} \\
* & * & * & * & \Gamma_{55} & 0 \\
* & * & * & * & * & -\epsilon I
\end{bmatrix} < 0
$$

$$(3.29)$$

$$
\tilde{\Upsilon} = \begin{bmatrix}
D_1 & 0 & 0 & H_1^{\mathrm{T}} \\
* & D_2 & 0 & H_2^{\mathrm{T}} \\
* & * & D_3 & H_3^{\mathrm{T}} \\
* & * & * & R_1
\end{bmatrix} \geqslant 0 \tag{3.30}
$$

$$
\hat{\Upsilon} = \begin{bmatrix}
G_1 & 0 & 0 & Z_1^{\mathrm{T}} \\
* & G_2 & 0 & Z_2^{\mathrm{T}} \\
* & * & G_3 & Z_3^{\mathrm{T}} \\
* & * & * & R_2
\end{bmatrix} \geqslant 0 \tag{3.31}
$$

其中

$$
\Gamma_{11} = \Gamma_{22} = \Gamma_{33} = -\mathrm{diag}\{P^{-1}, \frac{1}{\tau_1}R_1^{-1}, \frac{1}{\tau_2}R_2^{-1}, X^{-1}\}
$$

$$
\Gamma_{44} = -\mathrm{diag}\{I, I\}
$$

$$
\Gamma_{55} = \begin{bmatrix}
\bar{\Gamma}_1 & -H_1^{\mathrm{T}}+H_2+Z_2 & H_3-Z_1^{\mathrm{T}}+Z_3 & [0,\ \epsilon N_{1i}^{\mathrm{T}}o^2 N_{2j}] \\
* & -Q_1-H_2-H_2^{\mathrm{T}}+\tau_1 D_2+\tau_2 G_2 & -Z_2^{\mathrm{T}}-H_3 & [0,\ 0] \\
* & * & -Q_2-Z_3-Z_3^{\mathrm{T}}+\tau_1 D_3+\tau_2 G_3 & [0,\ 0] \\
* & * & * & \mathrm{diag}\{-X,-\gamma^2 I+\epsilon N_{2i}^{\mathrm{T}}o^2 N_{2j}\}
\end{bmatrix}
$$

$$
\bar{\Gamma}_1 = -P+Q_1+Q_2+H_1+H_1^{\mathrm{T}}+Z_1+Z_1^{\mathrm{T}}+\tau_1 D_1+\tau_2 G_1+\epsilon N_{1i}^{\mathrm{T}}o^2 N_{1j}
$$

$$
\bar{\Gamma}_2 = \begin{bmatrix} \bar{A}_{1ij}, & \frac{1}{2}\mathcal{A}_{\tau i}, & \frac{1}{2}\mathcal{A}_{\tau i}, & \frac{\tau_{12}}{2}\mathcal{A}_{\tau i}, & \bar{B}_{1ij} \end{bmatrix}
$$

$$\bar{\varGamma}_3 = \left[\begin{array}{ccccc} \bar{A}_{1ij} - I, & \dfrac{1}{2}\mathcal{A}_{\tau i}, & \dfrac{1}{2}\mathcal{A}_{\tau i}, & \dfrac{\tau_{12}}{2}\mathcal{A}_{\tau i}, & \bar{B}_{1ij} \end{array} \right]$$

$$\bar{\varGamma}_4 = 1_4 \otimes \bar{A}_{3ij}$$

$$\bar{\varGamma}_5 = 1_4 \otimes \bar{B}_{2ij}$$

$$\bar{\varGamma}_6 = 1_4 \otimes \mathcal{A}_{2ij}$$

$$\bar{\varGamma}_7 = \mathrm{col}\{\bar{C}_{1ij}, \bar{C}_{2ij}\}$$

$$\bar{\varGamma}_8 = \mathrm{col}\{\bar{D}_{1ij}, \bar{D}_{2ij}\}$$

$$\bar{\mu} = \mathrm{diag}\{\mu_1, \mu_2, \cdots, \mu_p\}$$

$$\bar{\nu} = \mathrm{diag}\{\nu_1, \nu_2, \cdots, \nu_m\}$$

$$\bar{A}_{1ij} = \left[\begin{array}{ccc} A_i & B_i\bar{\varOmega}K_j & 0 \\ B_{Fi}\bar{\bar{\varXi}}C_j & A_{Fi} & 0 \\ 0 & 0 & A_w \end{array} \right]$$

$$\mathcal{A}_{2ij} = \left[\begin{array}{ccc} 0 & B_i\bar{\nu}K_j & 0 \\ 0 & 0 & 0 \\ 0 & 0 & 0 \end{array} \right]$$

$$\bar{A}_{3ij} = \left[\begin{array}{ccc} 0 & 0 & 0 \\ B_{Fi}\bar{\mu}C_j & 0 & 0 \\ 0 & 0 & 0 \end{array} \right]$$

$$\mathcal{A}_{\tau i} = \left[\begin{array}{ccc} A_{\tau i} & 0 & 0 \\ 0 & 0 & 0 \\ 0 & 0 & 0 \end{array} \right]$$

$$\bar{B}_{1ij} = \left[\begin{array}{cc} E_{1i} & F_{1i} \\ B_{Fi}\bar{\bar{\varXi}}E_{2j} & B_{Fi}\bar{\bar{\varXi}}F_{2j} \\ 0 & B_w \end{array} \right]$$

$$M_{1i} = \left[\begin{array}{c} 0 \\ B_{Fi}\bar{\bar{\varXi}} \\ 0 \end{array} \right]$$

$$\bar{B}_{2ij} = \left[\begin{array}{cc} 0 & 0 \\ B_{Fi}\bar{\mu}E_{2j} & B_{Fi}\bar{\mu}F_{2j} \\ 0 & 0 \end{array} \right]$$

$$M_{2i} = \begin{bmatrix} 0 \\ B_{Fi}\bar{\mu} \\ 0 \end{bmatrix}$$

$$N_{1i} = \begin{bmatrix} C_i, & 0, & 0 \end{bmatrix}$$

$$N_{2i} = \begin{bmatrix} E_{2i}, & F_{2i} \end{bmatrix}$$

$$\bar{C}_{1ij} = \begin{bmatrix} D_{Fi}\bar{\Xi}C_j, & C_{Fi}, & -C_w \end{bmatrix}$$

$$\bar{C}_{2ij} = \begin{bmatrix} D_{Fi}\bar{\mu}C_j, & 0, & 0 \end{bmatrix}$$

$$\bar{D}_{1ij} = \begin{bmatrix} D_{Fi}\bar{\Xi}E_{2j}, & D_{Fi}\bar{\Xi}F_{2j} - D_w \end{bmatrix}$$

$$\bar{D}_{2ij} = \begin{bmatrix} D_{Fi}\bar{\mu}E_{2j}, & D_{Fi}\bar{\mu}F_{2j} \end{bmatrix}$$

证明　构建如下新的 LKF，即

$$V(k) = \sum_{i=1}^{3} V_i(k) \tag{3.32}$$

$$V_1(k) = \xi^{\mathrm{T}}(k)P\xi(k)$$

$$V_2(k) = \sum_{i=k-\tau_1}^{k-1} \xi^{\mathrm{T}}(i)Q_1\xi(i) + \sum_{i=k-\tau_2}^{k-1} \xi^{\mathrm{T}}(i)Q_2\xi(i)$$

$$V_3(k) = \sum_{i=-\tau_1}^{-1}\sum_{j=k+i}^{k-1} \sigma_d^{\mathrm{T}}(j)R_1\sigma_d(j) + \sum_{i=-\tau_2}^{-1}\sum_{j=k+i}^{k-1} \sigma_d^{\mathrm{T}}(j)R_2\sigma_d(j)$$

沿着系统 (3.27) 的轨线，对 $V(k)$ 求差分，可得下式，即

$$
\begin{aligned}
E\{\Delta V_1(k)\} = \Bigg[& \Bigg(\mathcal{A}_1(h) + \sum_{t_2=1}^{m} \bar{\beta}_{t_2}(k)\mathcal{A}_{2t_2}(h) + \sum_{t_1=1}^{p} \bar{\alpha}_{t_1}(k)\mathcal{A}_3(h) \Bigg)\xi(k) \\
& + \frac{1}{2}\mathcal{A}_\tau(h)\big(\xi(k-\tau_1) + \xi(k-\tau_2)\big) + \frac{\tau_{12}}{2}\mathcal{A}_\tau(h)\delta_d(k) \\
& + \Bigg(\mathcal{B}_1(h) + \sum_{t_1=1}^{p} \bar{\alpha}_{t_1}(k)\mathcal{B}_2(h) \Bigg)v(k) \Bigg]^{\mathrm{T}} P \\
& \times \Bigg[\Bigg(\mathcal{A}_1(h) + \sum_{t_2=1}^{m} \bar{\beta}_{t_2}(k)\mathcal{A}_{2t_2}(h) + \sum_{t_1=1}^{p} \bar{\alpha}_{t_1}(k)\mathcal{A}_3(h) \Bigg)\xi(k) \\
& + \frac{1}{2}\mathcal{A}_\tau(h)\big(\xi(k-\tau_1) + \xi(k-\tau_2)\big) + \frac{\tau_{12}}{2}\mathcal{A}_\tau(h)\delta_d(k)
\end{aligned}
$$

$$+ \Big(\mathcal{B}_1(h) + \sum_{t_1=1}^{p} \bar{\alpha}_{t_1}(k) \mathcal{B}_2(h) \Big) v(k) \Big] - \xi^{\mathrm{T}}(k) P \xi(k)$$

$$= \Big[\mathcal{A}_1(h)\xi(k) + \frac{1}{2}\mathcal{A}_\tau(h)\big(\xi(k-\tau_1) + \xi(k-\tau_2)\big) + \frac{\tau_{12}}{2}\mathcal{A}_\tau(h)\delta_d(k) + \mathcal{B}_1(h)v(k) \Big]^{\mathrm{T}} P$$

$$\times \Big[\mathcal{A}_1(h)\xi(k) + \frac{1}{2}\mathcal{A}_\tau(h)\big(\xi(k-\tau_1) + \xi(k-\tau_2)\big) + \frac{\tau_{12}}{2}\mathcal{A}_\tau(h)\delta_d(k) + \mathcal{B}_1(h)v(k) \Big]$$

$$+ \xi^{\mathrm{T}}(k) \Big(\sum_{t_2=1}^{m} \nu_{t_2}^2 \mathcal{A}_{2t_2}^{\mathrm{T}}(h) P \mathcal{A}_{2t_2}(h) + \sum_{t_1=1}^{p} \mu_{t_1}^2 \mathcal{A}_3^{\mathrm{T}}(h) P \mathcal{A}_3(h) - P \Big) \xi(k)$$

$$+ 2\xi^{\mathrm{T}}(k) \sum_{t_1=1}^{p} \mu_{t_1}^2 \mathcal{A}_3^{\mathrm{T}}(h) P \mathcal{B}_2(h) v(k) + v^{\mathrm{T}}(k) \sum_{t_1=1}^{p} \mu_{t_1}^2 \mathcal{B}_2^{\mathrm{T}}(h) P \mathcal{B}_2(h) v(k) \tag{3.33}$$

$$E\{\Delta V_2(k)\} = \xi^{\mathrm{T}}(k)(Q_1 + Q_2)\xi(k) - \xi^{\mathrm{T}}(k-\tau_1)Q_1\xi(k-\tau_1)$$
$$- \xi^{\mathrm{T}}(k-\tau_2)Q_2\xi(k-\tau_2) \tag{3.34}$$

$$E\{\Delta V_3(k)\} = \sigma_d^{\mathrm{T}}(k)(\tau_1 R_1 + \tau_2 R_2)\sigma_d(k) - \sum_{j=k-\tau_1}^{k-1} \sigma_d^{\mathrm{T}}(j)R_1\sigma_d(j)$$

$$- \sum_{j=k-\tau_2}^{k-1} \sigma_d^{\mathrm{T}}(j)R_2\sigma_d(j) \tag{3.35}$$

根据定义的 $\sigma_d(k)$, 对于任意矩阵 $\begin{bmatrix} H_1, & H_2, & H_3 \end{bmatrix}$ 和 $\begin{bmatrix} Z_1, & Z_2, & Z_3 \end{bmatrix}$, 有如下等式成立, 即

$$2\bar{\xi}^{\mathrm{T}}(k) \begin{bmatrix} H_1, & H_2, & H_3 \end{bmatrix}^{\mathrm{T}} \Big(\xi(k) - \xi(k-\tau_1) - \sum_{j=k-\tau_1}^{k-1} \sigma_d(j) \Big) = 0 \tag{3.36}$$

$$2\bar{\xi}^{\mathrm{T}}(k) \begin{bmatrix} Z_1, & Z_2, & Z_3 \end{bmatrix}^{\mathrm{T}} \Big(\xi(k) - \xi(k-\tau_2) - \sum_{j=k-\tau_2}^{k-1} \sigma_d(j) \Big) = 0 \tag{3.37}$$

其中, $\bar{\xi}(k)$ 在式 (3.27) 中定义。

对于任意矩阵 $\bar{D} \stackrel{\text{def}}{=} \mathrm{diag}\{D_1, D_2, D_3\} > 0$ 和 $\bar{G} \stackrel{\text{def}}{=} \mathrm{diag}\{G_1, G_2, G_3\} > 0$, 有如下两个等式成立, 即

$$\tau_1 \bar{\xi}^{\mathrm{T}}(k) \bar{D} \bar{\xi}(k) - \sum_{j=k-\tau_1}^{k-1} \bar{\xi}^{\mathrm{T}}(k) \bar{D} \bar{\xi}(k) = 0 \tag{3.38}$$

$$\tau_2 \bar{\xi}^{\mathrm{T}}(k) \bar{G} \bar{\xi}(k) - \sum_{j=k-\tau_2}^{k-1} \bar{\xi}^{\mathrm{T}}(k) \bar{G} \bar{\xi}(k) = 0 \tag{3.39}$$

零初始条件下，考虑如下性能指标，即

$$
\begin{aligned}
J_N =& E\Big\{ \sum_{k=0}^{N} \Big(\sigma_d^{\mathrm{T}}(k) X \sigma_d(k) - \delta_d^{\mathrm{T}}(k) X \delta_d(k) + \hat{r}^{\mathrm{T}}(k)\hat{r}(k) - \gamma^2 v^{\mathrm{T}}(k)v(k) \Big) \Big\} \\
=& E\Big\{ \sum_{k=0}^{N} \Big(\sigma_d^{\mathrm{T}}(k) X \sigma_d(k) - \delta_d^{\mathrm{T}}(k) X \delta_d(k) + \hat{r}^{\mathrm{T}}(k)\hat{r}(k) - \gamma^2 v^{\mathrm{T}}(k)v(k) \\
&+ V(k+1) - V(k) \Big) \Big\} - V(N+1) \\
\leqslant& E\Big\{ \sum_{k=0}^{N} \Big(\sigma_d^{\mathrm{T}}(k) X \sigma_d(k) - \delta_d^{\mathrm{T}}(k) X \delta_d(k) + \hat{r}^{\mathrm{T}}(k)\hat{r}(k) \\
&- \gamma^2 v^{\mathrm{T}}(k)v(k) + \Delta V(k) \Big) \Big\} \\
\leqslant& \sum_{k=0}^{N} \bar{\varpi}^{\mathrm{T}}(k) \Upsilon \bar{\varpi}(k) - \sum_{j=k-\tau_1}^{k-1} \Big[\bar{\xi}^{\mathrm{T}}(k), \quad \sigma_d^{\mathrm{T}}(j) \Big] \tilde{\Upsilon} \Big[\bar{\xi}^{\mathrm{T}}(k), \quad \sigma_d^{\mathrm{T}}(j) \Big]^{\mathrm{T}} \\
&- \sum_{j=k-\tau_2}^{k-1} \Big[\bar{\xi}^{\mathrm{T}}(k), \quad \sigma_d^{\mathrm{T}}(j) \Big] \hat{\Upsilon} \Big[\bar{\xi}^{\mathrm{T}}(k), \quad \sigma_d^{\mathrm{T}}(j) \Big]^{\mathrm{T}}
\end{aligned} \tag{3.40}
$$

其中

$$
\bar{\varpi}(k) = \mathrm{col}\{\bar{\xi}(k), \delta_d(k), v(k)\}
$$

$$
\Upsilon = \Upsilon_3^{\mathrm{T}}
\begin{bmatrix}
\Pi & \displaystyle\sum_{t_1=1}^{p} \mu_{t_1}^2 \Big[\mathcal{A}_3^{\mathrm{T}}(h)(P+\bar{\Pi})\mathcal{B}_2(h) + \mathcal{C}_2^{\mathrm{T}}(h)\mathcal{D}_2(h) \Big] \\
* & \displaystyle\sum_{t_1=1}^{p} \mu_{t_1}^2 \Big[\mathcal{B}_2^{\mathrm{T}}(h)(P+\bar{\Pi})\mathcal{B}_2(h) + \mathcal{D}_2^{\mathrm{T}}(h)\mathcal{D}_2(h) \Big]
\end{bmatrix}
\Upsilon_3
$$

$$
+ \Upsilon_1^{\mathrm{T}} P \Upsilon_1 + \Upsilon_2^{\mathrm{T}} \bar{\Pi} \Upsilon_2 + \Upsilon_4^{\mathrm{T}} \Upsilon_4 + \Gamma_{55}
$$

$$
\Upsilon_1 = \Big[\mathcal{A}_1(h), \quad \tfrac{1}{2}\mathcal{A}_\tau(h), \quad \tfrac{1}{2}\mathcal{A}_\tau(h), \quad \tfrac{\tau_{12}}{2}\mathcal{A}_\tau(h), \quad \mathcal{B}_1(h) \Big]
$$

$$
\Upsilon_2 = \Big[\mathcal{A}_1(h) - I, \quad \tfrac{1}{2}\mathcal{A}_\tau(h), \quad \tfrac{1}{2}\mathcal{A}_\tau(h), \quad \tfrac{\tau_{12}}{2}\mathcal{A}_\tau(h), \quad \mathcal{B}_1(h) \Big]
$$

$$
\Upsilon_3 = \begin{bmatrix} I & 0 & 0 & 0 & 0 \\ 0 & 0 & 0 & 0 & I \end{bmatrix}
$$

$$
\Upsilon_4 = \Big[\mathcal{C}_1(h), \quad 0, \quad 0, \quad 0, \quad \mathcal{D}_1(h) \Big]
$$

$$
\Pi = \sum_{t_2=1}^{m} \nu_{t_2}^2 \mathcal{A}_{2t_2}^{\mathrm{T}}(h)(P+\bar{\Pi})\mathcal{A}_{2t_2}(h) + \sum_{t_1=1}^{p} \mu_{t_1}^2 \Big[\mathcal{A}_3^{\mathrm{T}}(h)(P+\bar{\Pi})\mathcal{A}_3(h) + \mathcal{C}_2^{\mathrm{T}}(h)\mathcal{C}_2(h) \Big]
$$

$$
\bar{\Pi} = \tau_1 R_1 + \tau_2 R_2 + X
$$

根据 Schur 补及引理 3.1，式 (3.40) 成立，可得到式 (3.29) 小于 0 成立。此外，假设定理 3.1 满足，可以推导出下式，即

$$\sigma_d^{\mathrm{T}}(k)X\sigma_d(k) + \hat{r}^{\mathrm{T}}(k)\hat{r}(k) < \delta_d^{\mathrm{T}}(k)X\delta_d(k) + \gamma^2 v^{\mathrm{T}}(k)v(k) \qquad (3.41)$$

根据式 (3.41) 和引理 (3.2)，可得 $\|\hat{r}(k)\|_{E_2}^2 < \gamma^2 \|v(k)\|_{E_2}^2$。

证毕.

注释 3.4　在定理 3.1 中，构建新的 LKF 泛函并采用输入–输出方法分析故障检测动态系统的稳定性和 H_∞ 性能。其主要特点在于采用二项近似方法逼近时变时滞和参数不确定性来降低结果保守性。通过上述方法可将初始离散 T–S 模糊时滞系统 (3.2) 重构为互联子系统 (3.27)，基于标度小增益定理处理时变时滞，可获得保守性更小的 FFDF 存在的充分条件。

注释 3.5　定理 3.1 采用输入–输出方法获得保证故障检测动态系统稳定的充分条件。为了进一步降低稳定性结果的保守性，可以选择分段 L–K 泛函[18] 和参数依赖的 L–K 泛函[22]，但上述两种方法会增加计算的复杂性。因此，本章方法在计算复杂性和保守性之间选择折中的处理方法。

由于定理 3.1 存在矩阵变量 P^{-1}、R_1^{-1}、R_2^{-1} 和 X^{-1}，矩阵变量 P、R_1、R_2、X 与系统矩阵参数 $\bar{A}_{1ij}$、$\mathcal{A}_{\tau i}$、$\bar{B}_{1ij}$ 会产生一些耦合乘积项，不能直接由 LMI 解决。接下来提出定理 3.2，解决上述耦合乘积项给系统分析与设计带来的困难。

定理 3.2　给定标量 $\gamma > 0$，如果存在正定矩阵 $\mathcal{P}$、$\mathcal{R}_1$、$\mathcal{R}_2$、$\mathcal{X}$、$\mathcal{Q}_1$、$\mathcal{Q}_2$、$\mathcal{D}_1$、$\mathcal{D}_2$、$\mathcal{D}_3$、$\mathcal{G}_1$、$\mathcal{G}_2$、$\mathcal{G}_3$ 和矩阵 $\mathcal{H}_1$、$\mathcal{H}_2$、$\mathcal{H}_3$、$\mathcal{Z}_1$、$\mathcal{Z}_2$、$\mathcal{Z}_3$、Θ，以及标量 $\epsilon > 0$，对于任意 $i, j = 1, 2, \cdots, r$ 满足如下的矩阵不等式，则故障检测动态系统 (3.27) 是输入–输出随机稳定的，即

$$\hat{\Lambda}_{ij} = \begin{bmatrix} \Lambda_{11} & 0 & 0 & 0 & \mathrm{col}\{\bar{\Lambda}_2, \bar{\Lambda}_3, \bar{\Lambda}_3, \bar{\Lambda}_3\} & 1_4 \otimes M_{1i} \\ * & \Lambda_{22} & 0 & 0 & \begin{bmatrix} \bar{\Gamma}_4\Theta, & 0, & 0, & 0, & \bar{\Gamma}_5 \end{bmatrix} & 1_4 \otimes M_{2i} \\ * & * & \Lambda_{33} & 0 & \begin{bmatrix} \bar{\Gamma}_6\Theta, & 0, & 0, & 0, & 0 \end{bmatrix} & 0 \\ * & * & * & \Gamma_{44} & \begin{bmatrix} \bar{\Gamma}_7\Theta, & 0, & 0, & 0, & \bar{\Gamma}_8 \end{bmatrix} & \mathrm{col}\{D_{Fi}\bar{\Xi}, D_{Fi}\bar{\mu}\} \\ * & * & * & * & \Lambda_{55} & 0 \\ * & * & * & * & * & -\epsilon I \end{bmatrix} < 0$$

$$(3.42)$$

$$
\begin{bmatrix}
\mathcal{D}_1 & 0 & 0 & \mathcal{H}_1^{\mathrm{T}} \\
* & \mathcal{D}_2 & 0 & \mathcal{H}_2^{\mathrm{T}} \\
* & * & \mathcal{D}_3 & \mathcal{H}_3^{\mathrm{T}} \\
* & * & * & -\bar{\mathcal{R}}_1
\end{bmatrix} \geqslant 0 \tag{3.43}
$$

$$
\begin{bmatrix}
\mathcal{G}_1 & 0 & 0 & \mathcal{Z}_1^{\mathrm{T}} \\
* & \mathcal{G}_2 & 0 & \mathcal{Z}_2^{\mathrm{T}} \\
* & * & \mathcal{G}_3 & \mathcal{Z}_3^{\mathrm{T}} \\
* & * & * & -\bar{\mathcal{R}}_2
\end{bmatrix} \geqslant 0 \tag{3.44}
$$

其中

$$\Lambda_{11} = \Lambda_{22} = \Lambda_{33} = -\mathrm{diag}\{\mathcal{P}, \frac{1}{\tau_1}\mathcal{R}_1, \frac{1}{\tau_2}\mathcal{R}_2, \mathcal{X}\}$$

$$\Lambda_{55} = \begin{bmatrix}
\bar{A}_1 & -\mathcal{H}_1^{\mathrm{T}}+\mathcal{H}_2+\mathcal{Z}_2 & \mathcal{H}_3-\mathcal{Z}_3^{\mathrm{T}}+\mathcal{Z}_3 & [0,\ \epsilon\Theta^{\mathrm{T}}N_{1i}^{\mathrm{T}}o^2 N_{2j}] \\
* & -\mathcal{Q}_1-\mathcal{H}_2-\mathcal{H}_2^{\mathrm{T}}+\tau_1\mathcal{D}_2+\tau_2\mathcal{G}_2 & -\mathcal{Z}_2^{\mathrm{T}}-\mathcal{H}_3 & [0,\ 0] \\
* & * & -\mathcal{Q}_2-\mathcal{Z}_3-\mathcal{Z}_3^{\mathrm{T}}+\tau_1\mathcal{D}_3+\tau_2\mathcal{G}_3 & [0,\ 0] \\
* & * & * & \mathrm{diag}\{\bar{\mathcal{X}},-\gamma^2 I+\epsilon N_{2i}^{\mathrm{T}}o^2 N_{2j}\}
\end{bmatrix}$$

$$\bar{A}_1 = \bar{\mathcal{P}} + \mathcal{Q}_1 + \mathcal{Q}_2 + \mathcal{H}_1 + \mathcal{H}_1^{\mathrm{T}} + \mathcal{Z}_1 + \mathcal{Z}_1^{\mathrm{T}} + \tau_1\mathcal{D}_1 + \tau_2\mathcal{G}_1 + \epsilon\Theta^{\mathrm{T}}N_{1i}^{\mathrm{T}}o^2 N_{1j}\Theta$$

$$\bar{A}_2 = \begin{bmatrix} \bar{A}_{1ij}\Theta, & \frac{1}{2}\mathcal{A}_{\tau i}\Theta, & \frac{1}{2}\mathcal{A}_{\tau i}\Theta, & \frac{\tau_{12}}{2}\mathcal{A}_{\tau i}\Theta, & \bar{B}_{1ij} \end{bmatrix}$$

$$\bar{A}_3 = \begin{bmatrix} (\bar{A}_{1ij}-I)\Theta, & \frac{1}{2}\mathcal{A}_{\tau i}\Theta, & \frac{1}{2}\mathcal{A}_{\tau i}\Theta, & \frac{\tau_{12}}{2}\mathcal{A}_{\tau i}\Theta, & \bar{B}_{1ij} \end{bmatrix}$$

$$\bar{\mathcal{P}} = \mathcal{P} - (\Theta + \Theta^{\mathrm{T}})$$

$$\bar{\mathcal{R}}_1 = \mathcal{R}_1 - (\Theta + \Theta^{\mathrm{T}})$$

$$\bar{\mathcal{R}}_2 = \mathcal{R}_2 - (\Theta + \Theta^{\mathrm{T}})$$

$$\bar{\mathcal{X}} = \mathcal{X} - (\Theta + \Theta^{\mathrm{T}})$$

证明 假设式 (3.42) 可行，容易得到 $\mathcal{P}-(\Theta+\Theta^{\mathrm{T}}) \leqslant 0$，即意味着 Θ 是非奇异的。又 $\mathcal{P}>0$，可以得到 $(\mathcal{P}-\Theta)^{\mathrm{T}}\mathcal{P}^{-1}(\mathcal{P}-\Theta) \geqslant 0$，即满足 $-\Theta^{\mathrm{T}}\mathcal{P}^{-1}\Theta \leqslant \mathcal{P}-(\Theta+\Theta^{\mathrm{T}})$。同理可得，$-\Theta^{\mathrm{T}}\mathcal{R}_1^{-1}\Theta \leqslant \mathcal{R}_1-(\Theta+\Theta^{\mathrm{T}})$、$-\Theta^{\mathrm{T}}\mathcal{R}_2^{-1}\Theta \leqslant \mathcal{R}_2-(\Theta+\Theta^{\mathrm{T}})$、$-\Theta^{\mathrm{T}}\mathcal{X}^{-1}\Theta \leqslant \mathcal{X}-(\Theta+\Theta^{\mathrm{T}})$。基于上述推导，不等式 (3.42) 可以转换成不等式 (3.42)*，不等式 (3.42)* 是将不等式 (3.42) 中的 $\bar{\mathcal{P}}$、$\bar{\mathcal{R}}_1$、$\bar{\mathcal{R}}_2$ 和 $\bar{\mathcal{X}}$ 替换为 $-\Theta^{\mathrm{T}}\mathcal{P}^{-1}\Theta$、$-\Theta^{\mathrm{T}}\mathcal{R}_1^{-1}\Theta$、$-\Theta^{\mathrm{T}}\mathcal{R}_2^{-1}\Theta$ 和 $-\Theta^{\mathrm{T}}\mathcal{X}^{-1}\Theta$，其他变量保持不变。然后，利用同余变换，不等式 (3.42)* 的左边和右边同乘以 $\mathrm{diag}\{\underbrace{I,\cdots,I}_{14},\Theta^{-\mathrm{T}},\Theta^{-\mathrm{T}},\Theta^{-\mathrm{T}},\Theta^{-\mathrm{T}},I,I\}$ 及其转置，替换相应的变量 $\mathcal{P}=P^{-1}$、$\mathcal{R}_1=R_1^{-1}$、$\mathcal{R}_2=R_2^{-1}$ 和 $\mathcal{X}=X^{-1}$，利用 Schur 补引理，可以获得不等式 (3.29)。

证毕.

注释 3.6 由于定理 3.2 引入一新的增广松弛矩阵 Θ，解耦 Lyapunov 矩阵和系统矩阵的乘积，即不等式 (3.42) 没有产生矩阵 $\mathcal{P}$、$\mathcal{R}_1$、$\mathcal{R}_2$、$\mathcal{X}$ 和系统矩阵 $\bar{A}_{1ij}$、$\mathcal{A}_{\tau i}$、$\bar{B}_{1ij}$ 乘积。采用上述方法，可以有效地处理 FFDF 设计中存在的耦合非线性问题。

3.3.3 闭环故障检测滤波器和控制器协同设计

定理 3.3 给定标量 $\gamma > 0$，闭环故障检测系统 (3.27) 是指数均方稳定。若存在正定对称矩阵 $\hat{\mathcal{P}}$、$\hat{\mathcal{R}}_1$、$\hat{\mathcal{R}}_2$、$\hat{\mathcal{X}}$、$\tilde{\mathcal{Q}}_1$、$\tilde{\mathcal{Q}}_2$、$\tilde{\mathcal{D}}_1$、$\tilde{\mathcal{D}}_2$、$\tilde{\mathcal{D}}_3$、$\tilde{\mathcal{G}}_1$、$\tilde{\mathcal{G}}_2$、$\tilde{\mathcal{G}}_3$ 和矩阵 $\tilde{\mathcal{H}}_1$、$\tilde{\mathcal{H}}_2$、$\tilde{\mathcal{H}}_3$、$\tilde{\mathcal{Z}}_1$、$\tilde{\mathcal{Z}}_2$、$\tilde{\mathcal{Z}}_3$、Y、W、T_j、S_i、O_i、H_i、L_i，以及正实常数 $\epsilon > 0$ 满足如下 LMI，即

$$\hat{\Psi}_{ij} = \begin{bmatrix} \Psi_{11} & 0 & 0 & 0 & \Psi_{15} & \Psi_{16} \\ * & \Psi_{22} & 0 & 0 & \Psi_{25} & \Psi_{26} \\ * & * & \Psi_{33} & 0 & \Psi_{35} & 0 \\ * & * & * & \Gamma_{44} & \Psi_{45} & \Gamma_{46} \\ * & * & * & * & \Psi_{55} & 0 \\ * & * & * & * & * & -\epsilon I \end{bmatrix} < 0 \tag{3.45}$$

$$\begin{bmatrix} \tilde{\mathcal{D}}_1 & 0 & 0 & \tilde{\mathcal{H}}_1^{\mathrm{T}} \\ * & \tilde{\mathcal{D}}_2 & 0 & \tilde{\mathcal{H}}_2^{\mathrm{T}} \\ * & * & \tilde{\mathcal{D}}_3 & \tilde{\mathcal{H}}_3^{\mathrm{T}} \\ * & * & * & -\tilde{\mathcal{R}}_1 \end{bmatrix} \geqslant 0 \tag{3.46}$$

$$\begin{bmatrix} \tilde{\mathcal{G}}_1 & 0 & 0 & \tilde{\mathcal{Z}}_1^{\mathrm{T}} \\ * & \tilde{\mathcal{G}}_2 & 0 & \tilde{\mathcal{Z}}_2^{\mathrm{T}} \\ * & * & \tilde{\mathcal{G}}_3 & \tilde{\mathcal{Z}}_3^{\mathrm{T}} \\ * & * & * & -\tilde{\mathcal{R}}_2 \end{bmatrix} \geqslant 0 \tag{3.47}$$

其中

$$\Psi_{11} = \Psi_{22} = \Psi_{33} = -\mathrm{diag}\{\hat{\mathcal{P}}, \frac{1}{\tau_1}\hat{\mathcal{R}}_1, \frac{1}{\tau_2}\hat{\mathcal{R}}_2, \hat{\mathcal{X}}\}$$

$$\Psi_{55} = \begin{bmatrix} \bar{\Psi}_1 & -\tilde{\mathcal{H}}_1^{\mathrm{T}}+\tilde{\mathcal{H}}_2+\tilde{\mathcal{Z}}_2 & \tilde{\mathcal{H}}_3-\tilde{\mathcal{Z}}_1^{\mathrm{T}}+\tilde{\mathcal{Z}}_3 & [0,\ \epsilon\mathcal{N}_{1i}^{\mathrm{T}}o^2 N_{2j}] \\ * & -\tilde{\mathcal{Q}}_1-\tilde{\mathcal{H}}_2-\tilde{\mathcal{H}}_2^{\mathrm{T}}+\tau_1\tilde{\mathcal{D}}_2+\tau_2\tilde{\mathcal{G}}_2 & -\tilde{\mathcal{Z}}_2^{\mathrm{T}}-\tilde{\mathcal{H}}_3 & [0,\ 0] \\ * & * & -\tilde{\mathcal{Q}}_2-\tilde{\mathcal{Z}}_3-\tilde{\mathcal{Z}}_3^{\mathrm{T}}+\tau_1\tilde{\mathcal{D}}_3+\tau_2\tilde{\mathcal{G}}_3 & [0,\ 0] \\ * & * & * & \mathrm{diag}\{\tilde{\mathcal{X}}, -\gamma^2 I+\epsilon N_{2i}^{\mathrm{T}}o^2 N_{2j}\} \end{bmatrix}$$

$$\Psi_{15} = \begin{bmatrix} \mathrm{col}\{\bar{\Psi}_3, \bar{\Psi}_6, \bar{\Psi}_6, \bar{\Psi}_6\}, & 1_4\otimes\bar{\Psi}_4, & 1_4\otimes\bar{\Psi}_4, & \tau_{12}(1_4\otimes\bar{\Psi}_4), & 1_4\otimes\bar{\Psi}_5 \end{bmatrix}$$

$$\Psi_{25} = \begin{bmatrix} 1_4\otimes\bar{\Psi}_7, & 0, & 0, & 0, & 1_4\otimes\bar{\Psi}_8 \end{bmatrix}$$

$$\Psi_{35} = \left[\begin{array}{ccccc} 1_4 \otimes \bar{\Psi}_9, & 0, & 0, & 0, & 0 \end{array} \right]$$

$$\Psi_{45} = \left[\begin{array}{ccccc} \mathrm{col}\{\bar{\Psi}_{10}, \bar{\Psi}_{11}\}, & 0, & 0, & 0, & \mathrm{col}\{\bar{D}_{1ij}, \bar{D}_{2ij}\} \end{array} \right]$$

$$\Psi_{16} = 1_4 \otimes \bar{\Psi}_{12}$$

$$\Psi_{26} = 1_4 \otimes \bar{\Psi}_{13}$$

$$\bar{\Psi}_1 = \tilde{\mathcal{P}} + \tilde{\mathcal{Q}}_1 + \tilde{\mathcal{Q}}_2 + \tilde{\mathcal{H}}_1 + \tilde{\mathcal{H}}_1^{\mathrm{T}} + \tilde{\mathcal{Z}}_1 + \tilde{\mathcal{Z}}_1^{\mathrm{T}} + \tau_1 \tilde{\mathcal{D}}_1 + \tau_2 \tilde{\mathcal{G}}_1 + \epsilon \mathcal{N}_{1i}^{\mathrm{T}} o^2 \mathcal{N}_{1j}$$

$$\bar{\Psi}_2 = \left[\begin{array}{ccc} I & I & 0 \\ I+Y & I & 0 \\ 0 & 0 & W \end{array} \right]$$

$$\bar{\Psi}_3 = \left[\begin{array}{ccc} A_i + B_i \bar{\Omega} T_j & A_i & 0 \\ A_i + J_i \bar{\Xi} C_j + B_i \bar{\Omega} T_j + L_i & A_i + J_i \bar{\Xi} C_j & 0 \\ 0 & 0 & W A_w \end{array} \right]$$

$$\bar{\Psi}_4 = \frac{1}{2} \left[\begin{array}{ccc} A_{\tau i} & A_{\tau i} & 0 \\ A_{\tau i} & A_{\tau i} & 0 \\ 0 & 0 & 0 \end{array} \right]$$

$$\bar{\Psi}_5 = \left[\begin{array}{cc} E_{1i} & F_{1i} \\ E_{1i} + J_i \bar{\Xi} E_{2j} & F_{1i} + J_i \bar{\Xi} F_{2j} \\ 0 & W B_w \end{array} \right]$$

$$\bar{\Psi}_6 = \bar{\Psi}_3 - \bar{\Psi}_2$$

$$\bar{\Psi}_7 = \left[\begin{array}{ccc} 0 & 0 & 0 \\ J_i \bar{\mu} C_j & J_i \bar{\mu} C_j & 0 \\ 0 & 0 & 0 \end{array} \right]$$

$$\bar{\Psi}_8 = \left[\begin{array}{cc} 0 & 0 \\ J_i \bar{\mu} E_{2j} & J_i \bar{\mu} F_{2j} \\ 0 & 0 \end{array} \right]$$

$$\bar{\Psi}_9 = \left[\begin{array}{ccc} B_i \bar{\nu} T_j & 0 & 0 \\ B_i \bar{\nu} T_j & 0 & 0 \\ 0 & 0 & 0 \end{array} \right]$$

$$\bar{\Psi}_{10} = \left[\begin{array}{ccc} O_i \bar{\Xi} C_j + S_i, & O_i \bar{\Xi} C_j, & -C_w \end{array} \right]$$

$$\bar{\Psi}_{11} = \left[\begin{array}{ccc} O_i \bar{\mu} C_j, & O_i \bar{\mu} C_j, & 0 \end{array} \right]$$

$$\bar{\Psi}_{12} = \begin{bmatrix} 0 \\ J_i \bar{\bar{\Xi}} \\ 0 \end{bmatrix}$$

$$\bar{\Psi}_{13} = \begin{bmatrix} 0 \\ J_i \bar{\mu} \\ 0 \end{bmatrix}$$

$$\tilde{\mathcal{P}} = \hat{\mathcal{P}} - (\bar{\Psi}_2 + \bar{\Psi}_2^{\mathrm{T}})$$

$$\tilde{\mathcal{R}}_1 = \hat{\mathcal{R}}_1 - (\bar{\Psi}_2 + \bar{\Psi}_2^{\mathrm{T}})$$

$$\tilde{\mathcal{R}}_2 = \hat{\mathcal{R}}_2 - (\bar{\Psi}_2 + \bar{\Psi}_2^{\mathrm{T}})$$

$$\tilde{\mathcal{X}} = \hat{\mathcal{X}} - (\bar{\Psi}_2 + \bar{\Psi}_2^{\mathrm{T}})$$

$$\mathcal{N}_{1i} = \begin{bmatrix} C_i, & C_i, & 0 \end{bmatrix}$$

控制器和滤波器参数矩阵设计为如下形式，即

$$\begin{bmatrix} A_{Fi} & B_{Fi} \\ C_{Fi} & D_{Fi} \end{bmatrix} = \begin{bmatrix} V^{-1} L_i Y^{-1} V & V^{-1} J_i \\ S_i Y^{-1} V & O_i \end{bmatrix} \tag{3.48}$$

$$K_j = T_j Y^{-1} V \tag{3.49}$$

其中，$V \in \mathbf{R}^{n \times n}$ 为任意可逆矩阵 (如 V 可取单位阵 I)。

证明 由定理 3.1和定理 3.2可知，零初始条件下，$v(k) = 0$ 时残差系统 (3.27) 是渐近稳定的。若式 (3.42)~ 式 (3.44) 满足，则式 (3.21) 也一定满足。

从式 (3.45) 可以得到下式，即

$$\begin{bmatrix} 2I & 2I + Y^{\mathrm{T}} & 0 \\ * & 2I & 0 \\ * & * & W + W^{\mathrm{T}} \end{bmatrix} > 0 \tag{3.50}$$

由式 (3.50) 可知，W 是非奇异的，对式 (3.50) 同时左乘 $\begin{bmatrix} I, & -I, & 0 \end{bmatrix}$，右乘 $\begin{bmatrix} I, & -I, & 0 \end{bmatrix}^{\mathrm{T}}$，可得 $-Y - Y^{\mathrm{T}} > 0$，即 Y 也是非奇异的。

接下来，定义 $\mathcal{F}^{\mathrm{T}} = \begin{bmatrix} I & 0 & 0 \\ I & V & 0 \\ 0 & 0 & W \end{bmatrix}$；$\Theta = \begin{bmatrix} I & I & 0 \\ U & 0 & 0 \\ 0 & 0 & I \end{bmatrix} \mathcal{F}^{-1}$；$VU = Y$；

$VB_{Fi} = J_i$；$VA_{Fi}U = L_i$；$C_{Fi}U = S_i$；$O_i = D_{Fi}$；$T_j = K_jU$；$\mathcal{F}^{\mathrm{T}}\Theta^{\mathrm{T}}Q_1\Theta\mathcal{F} = \tilde{\mathcal{Q}}_1$；$\mathcal{F}^{\mathrm{T}}\Theta^{\mathrm{T}}Q_2\Theta\mathcal{F} = \tilde{\mathcal{Q}}_2$；$\mathcal{F}^{\mathrm{T}}\Theta^{\mathrm{T}}H_\iota\Theta\mathcal{F} = \tilde{\mathcal{H}}_\iota$；$\mathcal{F}^{\mathrm{T}}\Theta^{\mathrm{T}}Z_\iota\Theta\mathcal{F} = \tilde{\mathcal{Z}}_\iota$；$\mathcal{F}^{\mathrm{T}}\Theta^{\mathrm{T}}D_\iota\Theta\mathcal{F} = \tilde{\mathcal{D}}_\iota$；

$\mathcal{F}^{\mathrm{T}}\Theta^{\mathrm{T}}G_\iota\Theta\mathcal{F} = \tilde{\mathcal{G}}_\iota(\iota = 1,2,3)$; $\mathcal{F}^{\mathrm{T}}\mathcal{P}\mathcal{F} = \hat{\mathcal{P}}$; $\mathcal{F}^{\mathrm{T}}\mathcal{R}_1\mathcal{F} = \hat{\mathcal{R}}_1$; $\mathcal{F}^{\mathrm{T}}\mathcal{R}_2\mathcal{F} = \hat{\mathcal{R}}_2$; $\mathcal{F}^{\mathrm{T}}\mathcal{X}\mathcal{F} = \hat{\mathcal{X}}$。

根据上面的定义及 Schur 补引理,对式 (3.42) 取同余变换 $\mathrm{diag}\{\underbrace{\mathcal{F},\cdots,\mathcal{F}}_{12},I,I,$ $\underbrace{\mathcal{F},\cdots,\mathcal{F}}_{4},I,I\}$,可以得到不等式 (3.45)。

证毕.

注释 3.7   由定理 3.3可知,时滞及丢包率都会影响互联系统 (3.27) 的输入–输出稳定性。当给定时滞及丢包率时,通过求解式 (3.45)~ 式 (3.47) 可得 FFDF 及控制器增益矩阵,同时也可获得保证系统均方渐近稳定下的最优值 γ。另外,当给定 γ 和丢包率时,可获得保证系统均方稳定下的最大时滞上界 τ_2。时滞上界 τ_2 越小,H_∞ 扰动抑制水平越好;丢包率越大,H_∞ 性能指标 γ 越差,上述结论可从仿真中得到验证。

3.4 仿 真 研 究

本节给出两个例子来验证闭环 FDF 的有效性和优越。

例 3.1   考虑一类带有时滞的 Henon 映射系统[16,20], 即

$$\begin{cases} x_1(k+1) = -[\mathcal{C}x_1(k) + (1-\mathcal{C})x_1(k-\tau(k))]^2 + 0.3x_2(k) + 1.4 + u(k) \\ x_2(k+1) = \mathcal{C}x_1(k) + (1-\mathcal{C})x_1(k-\tau(k)) \end{cases} \quad (3.51)$$

其中,$\mathcal{C} \in [0,1]$ 为常值滞后系数。

令 $\theta(k) = \mathcal{C}x_1(k) + (1-\mathcal{C})x_1(k-\tau(k))$,假设 $\theta(k) \in [-\mathcal{M},\mathcal{M}]$, $\mathcal{M} > 0$,利用文献 [16] 和 [20] 的处理方法,可以将非线性项 $\theta^2(k)$ 表示为

$$\theta^2(k) = h_1(\theta(k))(-\mathcal{M})\theta(k) + h_2(\theta(k))\mathcal{M}\theta(k)$$

其中,$h_1(\theta(k))$ 和 $h_2(\theta(k)) \in [0,1]$ 且满足 $h_1(\theta(k)) + h_2(\theta(k)) = 1$。

利用上述方程可以获得 $h_1(\theta(k))$ 和 $h_2(\theta(k))$ 的表达式,即

$$h_1(\theta(k)) = \frac{1}{2}(1 - \frac{\theta(k)}{\mathcal{M}}), \quad h_2(\theta(k)) = \frac{1}{2}(1 + \frac{\theta(k)}{\mathcal{M}})$$

非线性系统 (3.51) 可以表示为如下 T–S 模糊系统模型。

被控对象规则 1: IF $\theta(k)$ 是 $-\mathcal{M}$, THEN

$$x(k+1) = A_1x(k) + A_{\tau 1}x(k-\tau(k)) + B_1u^*(k)$$

被控对象规则 2：IF $\theta(k)$ 是 $\mathcal{M}$, THEN

$$x(k+1) = A_2 x(k) + A_{\tau 2} x(k-\tau(k)) + B_2 u^*(k)$$

其中，$u^*(k) = 1.4 + u(k)$；$A_1 = \begin{bmatrix} \mathcal{CM} & 0.3 \\ \mathcal{C} & 0 \end{bmatrix}$；$A_{\tau 1} = \begin{bmatrix} (1-\mathcal{C})\mathcal{M} & 0 \\ 1-\mathcal{C} & 0 \end{bmatrix}$；$B_1 = \begin{bmatrix} 1 \\ 0 \end{bmatrix}$；$A_2 = \begin{bmatrix} -\mathcal{CM} & 0.3 \\ \mathcal{C} & 0 \end{bmatrix}$；$A_{\tau 2} = \begin{bmatrix} -(1-\mathcal{C})\mathcal{M} & 0 \\ 1-\mathcal{C} & 0 \end{bmatrix}$；$B_2 = \begin{bmatrix} 1 \\ 0 \end{bmatrix}$。

为了验证算法的有效性，对 T–S 模糊模型增加扰动、故障和测量输出，则系统 (3.51) 可转换成如下形式。

被控对象规则 1：IF $\theta(k)$ 是 $-\mathcal{M}$, THEN

$$\begin{cases} x(k+1) = A_1 x(k) + A_{\tau 1} x(k-\tau(k)) + B_1 u^*(k) + E_{11} w(k) + F_{11} f(k) \\ y(k) = C_1 x(k) + E_{21} w(k) + F_{21} f(k) \end{cases}$$

被控对象规则 2：IF $\theta(k)$ 是 $\mathcal{M}$, THEN

$$\begin{cases} x(k+1) = A_2 x(k) + A_{\tau 2} x(k-\tau(k)) + B_2 u^*(k) + E_{12} w(k) + F_{12} f(k) \\ y(k) = C_2 x(k) + E_{22} w(k) + F_{22} f(k) \end{cases}$$

其中，$C_1 = C_2 = [\ \mathcal{C},\ \ 0\ ]$；$E_{11} = E_{12} = F_{11} = F_{12} = [\ 1,\ \ 0\ ]^{\mathrm{T}}$；$E_{21} = F_{21} = 1$；$E_{22} = F_{22} = 0.5$。

接下来，分两种情况证明本章的结果优于文献 [16] 和 [20]。

情况 1：$\mathcal{C} = 0.8$，$\mathcal{M} = 0.2$ 和 $1 \leqslant \tau(k) \leqslant 3$。

采用全维和降维滤波器，求解文献 [20] 中定理 2 和定理 3，获得的扰动抑制性能指标 $\gamma_{\min}$ 分别为 2.0403 和 2.0411。应用本章方法，最优性能指标 $\gamma_{\min} = 1.03$。

情况 2：$\mathcal{C} = 0.8$，$\mathcal{M} = 0.9$ 和 $3 \leqslant \tau(k) \leqslant 6$。

在文献 [20] 中，保证闭环系统渐近稳定的最小抑制性能指标 $\gamma_{\min} = 19.8$。应用本章方法，保证闭环系统渐近稳定的最小抑制性能指标 $\gamma_{\min} = 1.2$。

从上述两种情况可以看出，在考虑多种性能需求的情况下，本章结果仍比文献 [16] 和 [20] 具有优越性。

为了给出闭环 FDF 的性能分析结果，假设扰动输入 $w(k)$ 和故障信号 $f(k)$ 分别为

$$w(k) = \begin{cases} \dfrac{3\sin(0.85k)}{(0.55k)^2 + 1}, & k = 0, 1, \cdots, 100 \\ 0, & \text{其他} \end{cases}$$

$$f(k) = \begin{cases} 1, & k = 10, 11, \cdots, 30 \\ 0, & \text{其他} \end{cases}$$

在网络环境下，考虑测量量化的影响，假设 $\rho^{(j)} = 0.6$，故障加权系统参数矩阵参数为 $A_w = 0.1$、$B_w = 0.25$、$C_w = 0.5$、$D_w = 0$，数据包丢失的随机变量 $\Xi(k)$ 和 $\Omega(k)$ 假设满足 $\bar{\Xi} = 0.95$，$\bar{\Omega} = 0.8$，求解定理 3.3的 LMI，可得闭环FFDF 和控制器的参数，即

$$A_{F1} = \begin{bmatrix} 0.1420 & -0.0025 \\ 0.4263 & 0.4167 \end{bmatrix}$$

$$A_{F2} = \begin{bmatrix} 0.0721 & 0.0422 \\ 0.1452 & 0.3722 \end{bmatrix}$$

$$B_{F1} = \begin{bmatrix} -0.9228 \\ -0.2113 \end{bmatrix}$$

$$B_{F2} = \begin{bmatrix} -1.3750 \\ 0.2042 \end{bmatrix}$$

$$C_{F1} = \begin{bmatrix} -0.0013, & -0.0001 \end{bmatrix}$$

$$C_{F2} = \begin{bmatrix} -0.0014, & -0.0001 \end{bmatrix}$$

$$D_{F1} = -0.0026$$

$$D_{F2} = -0.004$$

$$K_1 = \begin{bmatrix} 0.4344, & 0.0724 \end{bmatrix}$$

$$K_2 = \begin{bmatrix} -1.2234, & 0.2791 \end{bmatrix}$$

设初始条件为 $x(k) = 0$，$\hat{x}(k) = 0$，$k \in \mathbf{Z}^-$，仿真结果如图 3.2～图 3.4所示。

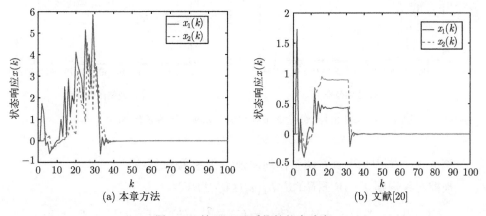

(a) 本章方法   (b) 文献[20]

图 3.2 情况 2 下系统的状态响应

状态响应曲线 $x(k)$ 如图 3.2 所示。状态估计误差 $x(k) - \hat{x}(k)$，以及残差信号和残差评价函数如图 3.3 和图 3.4 所示。从仿真结果可以看出，由于考虑了量化和数据包丢失等多个性能需求，本章状态响应没文献 [20] 结果好，但估计误差的超调远比文献 [20] 小。此外，本章方法不仅保证了系统具有满意的扰动抑制性能，同时还能及时有效地检测出故障。

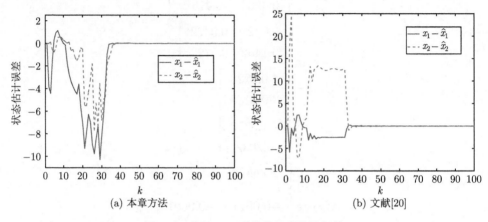

图 3.3　情况 2 下系统的状态估计误差

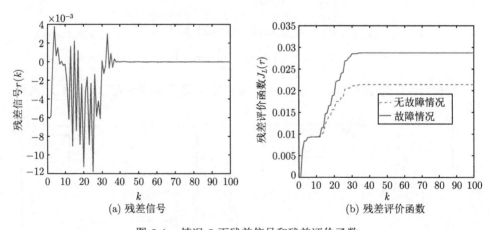

图 3.4　情况 2 下残差信号和残差评价函数

例 3.2　考虑如下具有两条模糊规则的 T–S 模糊系统。

被控对象规则 1:　IF $x_1(k)$ 是 $h_1(x_1(k))$, THEN

$$x(k+1) = A_1 x(k) + A_{\tau 1} x(k - \tau(k)) + B_1 u(k) + E_{11} w(k) + F_{11} f(k)$$
$$y(k) = C_1 x(k) + E_{21} w(k) + F_{21} f(k)$$

被控对象规则 2: IF $x_1(k)$ 是 $h_2(x_1(k))$, THEN

$$x(k+1) = A_2 x(k) + A_{\tau 2} x(k - \tau(k)) + B_2 u(k) + E_{12} w(k) + F_{12} f(k)$$
$$y(k) = C_2 x(k) + E_{22} w(k) + F_{22} f(k)$$

系统参数选择如下。

$$A_1 = \begin{bmatrix} 0.4 & 0.12 \\ 0 & 0.1 \end{bmatrix}; \quad A_2 = \begin{bmatrix} 0.1 & 0.2 \\ -0.2 & 0.1 \end{bmatrix}; \quad A_{\tau 1} = \begin{bmatrix} 0.12 & 0.1 \\ 0 & -0.2 \end{bmatrix};$$

$$A_{\tau 2} = \begin{bmatrix} 0.2 & 0 \\ 0.2 & 0.1 \end{bmatrix}; B_1 = \begin{bmatrix} 0.18 \\ -0.2 \end{bmatrix}; \quad B_2 = \begin{bmatrix} 0.2 \\ 0.18 \end{bmatrix}; \quad C_1 = \begin{bmatrix} 0 & -0.2 \\ 0.2 & 0.12 \end{bmatrix};$$

$$C_2 = \begin{bmatrix} 0.1 & 0 \\ 0 & -0.1 \end{bmatrix}; E_{11} = \begin{bmatrix} -0.2 \\ 0.12 \end{bmatrix}; \quad E_{12} = \begin{bmatrix} 0.2 \\ -0.1 \end{bmatrix}; \quad F_{11} = \begin{bmatrix} 0.1 \\ -0.2 \end{bmatrix};$$

$$F_{12} = \begin{bmatrix} 0.2 \\ 0.18 \end{bmatrix}; E_{21} = \begin{bmatrix} -0.18 \\ 0.12 \end{bmatrix}; \quad E_{22} = \begin{bmatrix} 0.04 \\ 0.12 \end{bmatrix}; \quad F_{21} = \begin{bmatrix} -0.12 \\ 0 \end{bmatrix};$$

$$F_{22} = \begin{bmatrix} 0.2 \\ -0.2 \end{bmatrix}。$$

考虑如下隶属度函数, 即

$$h_1(x_1(k)) = \frac{1 - \sin(x_1(k))}{2}$$
$$h_2(x_1(k)) = \frac{1 + \sin(x_1(k))}{2}$$

假设时变时滞满足 $1 \leqslant \tau(k) \leqslant 4$, $\rho^{(j)} = 0.6$, 故障加权系统选择如下, 即

$$A_w = 0.1, \quad B_w = 0.25, \quad C_w = 0.5, \quad D_w = 0$$

下面在两种情况下阐述不同丢包率对系统性能的影响。

情况 1: 设数据包丢失的随机变量 $\Xi(k)$ 和 $\Omega(k)$ 满足如下, 即

$$\bar{\Xi} = \text{diag}\{0.95, 0.85\}, \quad \bar{\Omega} = 0.8$$

求解定理 3.3的 LMI, 可以得到闭环 FFDF 和控制器参数, 即

$$A_{F1} = \begin{bmatrix} 1.0194 & -0.1026 \\ -0.5310 & 1.5882 \end{bmatrix}$$

$$A_{F2} = \begin{bmatrix} 0.6065 & -0.5492 \\ -0.0909 & -0.5481 \end{bmatrix}$$

$$B_{F1} = \begin{bmatrix} -0.0427 & 0.0945 \\ -0.9628 & -0.3471 \end{bmatrix}$$

$$B_{F2} = \begin{bmatrix} -0.0994 & 0.9652 \\ -0.5091 & 0.1043 \end{bmatrix}$$

$$C_{F1} = \begin{bmatrix} 0.0184, & -0.0015 \end{bmatrix}$$

$$C_{F2} = \begin{bmatrix} -0.0447, & 0.0851 \end{bmatrix}$$

$$D_{F1} = \begin{bmatrix} -0.0005, & 0.0023 \end{bmatrix}$$

$$D_{F2} = \begin{bmatrix} -0.0795, & -0.0190 \end{bmatrix}$$

$$K_1 = \begin{bmatrix} -4.8853, & 13.0508 \end{bmatrix}$$

$$K_2 = \begin{bmatrix} -3.6960, & 5.0439 \end{bmatrix}$$

最小的扰动抑制性能指标 $\gamma_{\min} = 0.827$。

情况 2：设数据包丢失的随机变量 $\Xi(k)$ 和 $\Omega(k)$ 满足，即

$$\bar{\Xi} = \mathrm{diag}\{0.4, 0.25\}, \quad \bar{\Omega} = 0.4$$

求解定理 3.3的 LMI，可以得到闭环 FFDF 和控制器的参数，即

$$A_{F1} = \begin{bmatrix} 0.8342 & -0.1217 \\ -0.4268 & 1.5215 \end{bmatrix}$$

$$A_{F2} = \begin{bmatrix} 0.5131 & -0.5231 \\ 0.1291 & -0.6396 \end{bmatrix}$$

$$B_{F1} = \begin{bmatrix} -0.1120 & -0.0462 \\ -0.7714 & -0.2739 \end{bmatrix}$$

$$B_{F2} = \begin{bmatrix} -0.1938 & 0.6077 \\ -0.1399 & 0.6548 \end{bmatrix}$$

$$C_{F1} = \begin{bmatrix} -0.0185, & -0.0004 \end{bmatrix}$$

$$C_{F2} = \begin{bmatrix} -0.0191, & 0.0655 \end{bmatrix}$$

$$D_{F1} = \begin{bmatrix} -0.0010, & -0.0054 \end{bmatrix}$$

$$D_{F2} = \begin{bmatrix} 0.0006, & -0.0290 \end{bmatrix}$$
$$K_1 = \begin{bmatrix} -9.4674, & 35.1870 \end{bmatrix}$$
$$K_2 = \begin{bmatrix} -7.7705, & 10.0546 \end{bmatrix}$$

最小的扰动抑制性能指标 $\gamma_{\min} = 0.991$。

从上述两种不同丢包率可看出，丢包率越小，获得的性能指标越好。接下来，详细给出不同丢包率及时变时滞 $\tau(k)$ 对系统 H_∞ 性能的影响。采用定理 3.3，可得表 3.1 和表 3.2。当时滞满足 $1 \leqslant \tau(k) \leqslant 4$ 时，表 3.1 给出了不同丢包率下，最小扰动抑制性能指标 γ 值。当丢包率满足 $\bar{\Xi} = \mathrm{diag}\{0.95, 0.85\}$ 和 $\bar{\Omega} = 0.8$ 时，表 3.2 给出了不同时滞范围下，最小扰动抑制性能指标 γ 值。从表 3.1 和表 3.2 可以看出，当丢包率越小或时滞上界 τ_2 越小时，获得的 H_∞ 性能越好。

表 3.1　不同丢包率下最小扰动抑制界 γ

数据包丢失	$\bar{\Xi} = \mathrm{diag}\{0.95, 0.85\}$, $\bar{\Omega} = 0.8$	$\bar{\Xi} = \mathrm{diag}\{0.8, 0.65\}$, $\bar{\Omega} = 0.7$	$\bar{\Xi} = \mathrm{diag}\{0.6, 0.4\}$, $\bar{\Omega} = 0.5$
$\gamma_{\min}$	0.827	0.856	0.915

表 3.2　不同时滞下最小扰动抑制界 γ

$\tau(k)$	$2 \leqslant \tau(k) \leqslant 3$	$2 \leqslant \tau(k) \leqslant 4$	$3 \leqslant \tau(k) \leqslant 6$
$\gamma_{\min}$	0.486	0.585	0.827

为了进一步验证闭环故障检测策略的有效性，假设扰动输入 $w(k)$ 和故障信号 $f(k)$ 分别为

$$w(k) = \begin{cases} \exp(-0.5k), & k = 0, 1, \cdots, 100 \\ 0, & \text{其他} \end{cases}$$

$$f(k) = \begin{cases} 1, & k = 10, 11, \cdots, 30 \\ 0, & \text{其他} \end{cases}$$

选择初始条件 $x(k) = 0$，$\hat{x}(k) = 0$，$k \in \mathbf{Z}^-$，在不同丢包率情况下，状态曲线 $x(k)$ 和状态估计误差 $x(k) - \hat{x}(k)$ 分别如图 3.5 和图 3.6 所示。从仿真结果可以看出，闭环误差动态系统是输入-输出稳定的。残差信号 $r(k)$ 和残差评价函数 $J_L(r)$ 分别如图 3.7 和图 3.8 所示。从仿真结果可以看出，本章方法可以及时有效

地检测出故障。

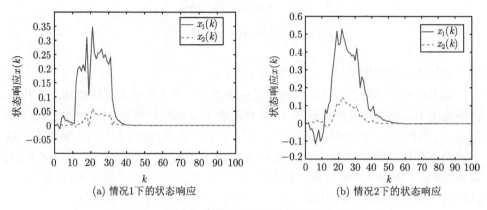

(a) 情况1下的状态响应 (b) 情况2下的状态响应

图 3.5 例 3.2 在情况 1 和情况 2 下的状态响应

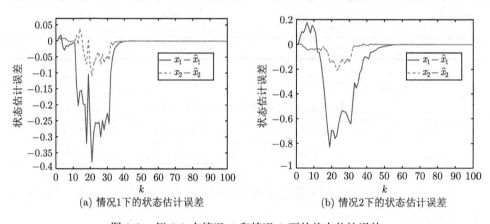

(a) 情况1下的状态估计误差 (b) 情况2下的状态估计误差

图 3.6 例 3.2 在情况 1 和情况 2 下的状态估计误差

从图 3.8(a) 可以看出，当 $l_0 = 0$ 和 $L = 100$ 时，计算阈值函数 $J_{th} = \sup\limits_{w \in l_2, f=0} E\left\{\sum\limits_{k=0}^{100} r^{T}(k)r(k)\right\}^{1/2} = 0.0037$。仿真结果显示，$E\left\{\sum\limits_{k=0}^{24} r^{T}(k)r(k)\right\}^{1/2} = 0.0038$，即故障在发生 14 个时间步长后被检测出来。同理，从 3.8(b) 图可以看出，阈值函数 $J_{th} = \sup\limits_{w \in l_2, f=0} E\left\{\sum\limits_{k=0}^{100} r^{T}(k)r(k)\right\}^{1/2} = 0.0144$。仿真结果显示，$E\left\{\sum\limits_{k=0}^{29} r^{T}(k)r(k)\right\}^{1/2} = 0.0146$，即故障 $f(k)$ 在发生 19 个时间步长后被检测出来。仿真结果显示，丢包率越小，故障会越早地被检测出来。

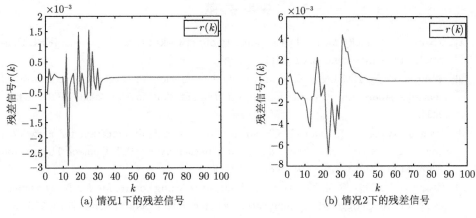

(a) 情况1下的残差信号

(b) 情况2下的残差信号

图 3.7   例 3.2 在情况 1 和情况 2 下的残差信号

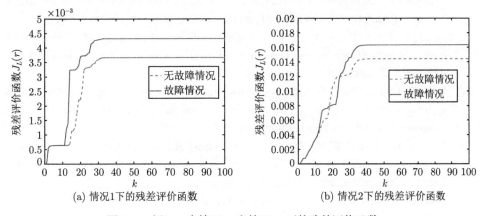

(a) 情况1下的残差评价函数

(b) 情况2下的残差评价函数

图 3.8   例 3.2 在情况 1 和情况 2 下的残差评价函数

3.5   本章小结

本章研究带有量化和数据包丢失的离散时滞模糊 NCS 的故障检测和控制器协同设计问题。不同于现存故障检测结果，本章所提方法为闭环故障检测设计策略，即协同设计控制器增益和 FDF 增益。在此结构下，考虑实际 NCS 不可避免的时变时滞、测量量化和数据包丢失，建立新的数学模型。为了进一步降低保守性，应用输入–输出方法消除时变时滞、测量量化和多包丢失的影响，将离散模糊 NCS 应用二项近似方法转化为互联子系统。在允许的数据包丢失及测量量化条件下，协同设计的 FFDF 和控制器可以保证闭环残差系统随机稳定且具有满意的 H_∞ 性能。

参 考 文 献

[1] Zhang W, Branicky M, Phillips S. Stability of networked control systems. IEEE Control Systems Magazine, 2001, 21(1): 84–99.

[2] Wang Y Q, Ye H, Ding S X, et al. Residual generation and evaluation of networked control systems subject to random packet dropout. Automatica, 2009, 45(10): 2427–2434.

[3] Feng J, Wang S Q, Zhao Q. Closed-loop design of fault detection for networked non-linear systems with mixed delays and packet losses. IET Control Theory and Applications, 2013, 7(6): 858–868.

[4] Zhang D, Han Q, Jia X. Network-based output tracking control for T-S fuzzy systems using an event-triggered communication scheme. Fuzzy Sets Systems, 2015, 273: 26–48.

[5] Zhang D, Yu L, Wang Q. Fault detection for a class of nonlinear network based systems with communication constraints and random packet dropouts. International Journal of Adaptive Control and Signal Processing, 2011, 25(10): 876–898.

[6] Zhang C, Feng G, Qiu J, et al. T-S fuzzy-model-based piecewise H_∞ output feedback controller design for networked nonlinear systems with medium access constrain. Fuzzy Sets Systems, 2014, 248: 86–105.

[7] Wang S, Feng J, Zhang H. Robust fault tolerant control for a class of networked control systems with state delay and stochastic actuator failures. International Journal of Adaptive Control and Signal Processing, 2014, 28: 798–811.

[8] Wang Z D, Yang F W, Ho D W C, et al. Robust H_∞ control for networked systems with random packet losses. IEEE Transactions on Systems, Man, and Cybernetics, Part B: Cybernetics, 2007, 37(4): 916–924.

[9] Dong H L, Wang Z D, Gao H J. Observer-based H_∞ control for systems with repeated scalar nonlinearities and multiple packet losses. International Journal of Robust and Nonlinear Control, 2010, 20(12): 1363–1378.

[10] Wei G, Wang Z, Shu H. Robust filtering with stochastic nonlinearities and multiple missing measurement. Automatica, 2009, 45(3): 836–841.

[11] Takagi T, Sugeno M. Fuzzy identification of systems and its applications to modeling and control. IEEE Transactions on Systems, Man, and Cybernetics, Part B: Cybernetics, 1985, 15(1): 116–132.

[12] Tanaka K, Wang H O. Fuzzy Control Systems Design and Analysis: A Linear Matrix Inequality Approach. New York: Wiley, 2001.

[13] Wu L, Su X, Shi P, et al. A new approach to stability analysis and stabilization of discrete-time T-S fuzzy time-varying delay systems. IEEE Transactions on Systems, Man, and Cybernetics, Part B: Cybernetics, 2011, 41(1): 273–286.

[14] Wu L, Su X, Shi P, et al. Model approximation for discrete-time state-delay systems in the T-S fuzzy framework. IEEE Transactions on Fuzzy Systems, 2011, 19(2): 366–378.

[15]　Xie X, Liu Z, Zhu X. An efficient approach for reducing the conservatism of LMI-based stability conditions for continuous-time T-S fuzzy systems. Fuzzy Sets Systems, 2015, 263(1): 71–81.

[16]　Su X, Shi P, Wu L, et al. A novel approach to filter design for T-S fuzzy discrete-time systems with time-varying delay. IEEE Transactions on Fuzzy Systems, 2012, 20(6): 1114–1129.

[17]　Zhang C Z, Feng G, Gao H J, et al. H_∞ filtering for nonlinear discrete-time systems subject to quantization and packet dropouts. IEEE Transactions on Fuzzy Systems, 2011, 19(2): 353–365.

[18]　Qiu J, Tian H, Lu Q, et al. Nonsynchronized robust filtering design for continuous-time T-S fuzzy affine dynamic systems based on piecewise Lyapunov functions. IEEE Transactions on Cybernetics, 2013, 43(6): 1755–1766.

[19]　Liu J, Fei S, Tian E, et al. Co-design of event generator and filtering for a class of T-S fuzzy systems with stochastic sensor faults. Fuzzy Sets Systems, 2015, 273: 124–140.

[20]　Su X, Shi P, Wu L, et al. A novel control design on discrete-time Takagi-Sugeno fuzzy systems with time-varying delays. IEEE Transactions on Fuzzy Systems, 2013, 21(4): 655–671.

[21]　Li F, Shi P, Wu L, et al. Fuzzy-model-based D-stability and nonfragile control for discrete-time descriptor systems with multiple delays. IEEE Transactions on Fuzzy Systems, 2014, 22(4): 1019–1025.

[22]　Wang S, Feng J, Jiang Y. Input-output method to fault detection for discretetime fuzzy networked systems with time-varying delay and multiple packet losses. International Journal of Systems Science, 2016, 47(7): 1495–1513.

[23]　Dong H, Wang Z, Lam J, et al. Fuzzy-model-based robust fault detection with stochastic mixed time delays and successive packet dropouts. IEEE Transactions on Systems, Man, and Cybernetics, Part B: Cybernetics, 2012, 42(2): 365–376.

[24]　Zhang D, Wang Q G, Yu L, et al. Fuzzy-model-based fault detection for a class of nonlinear systems with networked measurements. IEEE Transactions on Instrumentation and Measurement, 2013, 62(12): 3148–3159.

[25]　Zhao Y, Lam J, Gao H J. Fault detection for fuzzy systems with intermittent measurements. IEEE Transactions on Fuzzy Systems, 2009, 17(2): 398–410.

[26]　Li H, Gao Y, Wu L, et al. Fault detection for T-S fuzzy time-delay systems: delta operator and input-output methods. IEEE Transactions on Cybernetics, 2015, 45(2): 229–241.

[27]　Nguang S, Shi P, Ding S. Fault detection for uncertain fuzzy systems: an LMI approach. IEEE Transactions on Fuzzy Systems, 2007, 15(6): 1251–1262.

第 4 章　基于网络的离散切换时滞系统故障检测和控制器协同设计

本章在闭环故障检测和控制器协同设计策略的基础上, 对带有时变时滞和数据包丢失的离散网络切换控制系统, 在任意切换信号下, 协同设计 FDF 和控制器。考虑真实故障和加权故障两种情况, 基于平均驻留时间 (average dwell time, ADT) 和 LKF 方法, 给出离散切换时滞动态系统指数均方稳定且具有满意 H_∞ 性能指标的充分条件, 将离散网络切换时滞系统的控制器和 FDF 的参数求解问题转化为可行的凸优化问题, 确保残差和故障估计误差尽可能小。

4.1　引　言

近年来, 由于对动态系统安全性和可靠性的要求不断提升, FDI 技术已经成为控制领域国内外学者的研究热点[1]。故障检测方法一般可分为基于数据和基于模型两种。基于数据的方法主要是从历史数据中提取统计特征, 达到故障检测的目的, 其缺点是故障分离和估计困难, 尤其不便于故障在线诊断[2]。基于模型的故障检测方法是利用状态观测器或滤波器来构建残差信号, 并将其与设定的阈值进行比较, 当残差信号超过设定阈值, 则检测到故障信号, 并产生故障报警。该方法能够充分利用系统内部深层信息, 有利于故障的隔离、辨识, 因此基于模型的方法得到了广泛应用和更多关注[3-8]。文献 [5] 基于 LMI 方法研究了带有未知输入和模型误差的线性非时变系统的故障检测问题。文献 [6] 在任意切换信号下, 研究了带有时变时滞的切换线性系统故障检测问题。上述文献工作只是单方面设计 FDF, 未考虑控制器的影响。然而, 在实际的 NCS 中, 控制器的影响却不能被忽略。文献 [3] 和 [7] 针对一类带有时变时滞的 NCS, 研究 RFDF 和控制器协同设计问题。

切换系统作为一类重要的混杂动态系统引起了研究者的广泛关注。切换系统是由一系列连续或离散时间子系统和一个决定某个子系统何时激活的切换规则组成[9]。在系统运行或信号传输过程中, 切换和时滞往往是同时存在的, 但目前大多研究工作并未考虑时变时滞特性, 上述时变时滞特性可能引起系统不稳定或振荡, 因此针对带有时变时滞的切换系统开展相关研究工作, 显得尤为重要[10-18]。目前关于切换时滞系统的研究方法有多种, 如多元李雅普诺夫方法[14]、平均驻留时间方法[15, 16]和切换李雅普诺夫方法[17]等。现存文献研究切换时滞系统大多采用点对点的控制方式，而针对网络环境下切换系统故障检测和控制器设计的研究工作相对较少，特别是基于网络的控制器和 FDF 协同设计更是鲜见。因此，研究基于网络的切换时滞系统的故障检测和控制器协同设计，提高系统的自由度和故障检测性能具有重要的研究意义。

4.2 问 题 描 述

考虑如下带有时滞的离散时间切换线性系统，即

$$x(k+1) = A_\sigma x(k) + A_{h\sigma} x(k-h(k)) + B_\sigma u(k) + D_\sigma w(k) + F_\sigma f(k) \qquad (4.1)$$

$$x(j) = \varphi(j), \quad j \in [-h_M, 0]$$

其中，$x(k) \in \mathbf{R}^n$ 为系统状态；$u(k) \in \mathbf{R}^m$ 为控制输入；$w(k) \in \mathbf{R}^q$ 为扰动输入且满足 $l_2[0, +\infty)$；$f(k) \in \mathbf{R}^l$ 为待检测故障；$\varphi(j)$ 为给定的初始条件；$h(k)$ 为时变时滞，满足 $h_m \leqslant h(k) \leqslant h_M$，$k \in \mathbf{Z}^+$，$h_m$ 和 h_M 为已知时变时滞下界和上界；$\sigma: Z \to N = \{1, 2, \cdots, n\}$ 为切换信号，对于切换信号 σ 在 $[k_l, k_{l+1}]$ 保持的时间称为运行子系统的驻留时间，切换时间序列 $k_0 < k_1 < k_2 < \cdots$，l 是非负整数；A_i、A_{hi}、B_i、D_i、F_i 为具有适当维数的常数矩阵，$i = \{1, 2, \cdots, n\}$。

基于网络的离散切换系统闭环故障检测结构如图 4.1 所示。网络化控制系统在进行数据传输过程中经常会发生数据包丢失现象。数据包测量丢失过程可以描述为

$$\hat{y}(k) = \alpha(k) C_\sigma x(k) + E_\sigma w(k) \qquad (4.2)$$

其中，$\hat{y}(k) \in \mathbf{R}^p$ 为测量输出向量；C_i 和 E_i 为具有恰当维数的已知实常数矩阵。

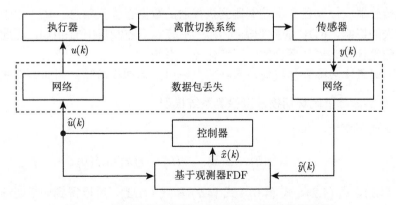

图 4.1　基于网络的离散切换系统闭环故障检测结构

随机变量 $\alpha(k)$ 为伯努利分布的白噪声序列且满足下述关系，即

$$\text{Prob}\{\alpha(k) = 1\} = E\{\alpha(k)\} = \bar{\alpha} \tag{4.3}$$

$$\text{Prob}\{\alpha(k) = 0\} = 1 - E\{\alpha(k)\} = 1 - \bar{\alpha} \tag{4.4}$$

$$\text{Var}\{\alpha(k)\} = E\{(\alpha(k) - \bar{\alpha})^2\} = \bar{\alpha}(1 - \bar{\alpha}) = \sigma_1^2 \tag{4.5}$$

针对基于网络的离散切换时滞系统，设计如下形式的 FDF，即

$$\begin{cases} \hat{x}(k+1) = A_\sigma \hat{x}(k) + A_{h\sigma}\hat{x}(k - h(k)) + B_\sigma \tilde{u}(k) + L_\sigma(\hat{y}(k) - \bar{\alpha}C_\sigma \hat{x}(k)) \\ \tilde{u}(k) = \bar{\beta}\hat{u}(k) \\ r(k) = V_\sigma(\hat{y}(k) - \bar{\alpha}C_\sigma \hat{x}(k)) \end{cases} \tag{4.6}$$

$$\begin{cases} \hat{u}(k) = K_\sigma \hat{x}(k) \\ u(k) = \beta(k)\hat{u}(k) \end{cases} \tag{4.7}$$

其中，$\hat{x}(k) \in \mathbf{R}^n$ 为状态估计向量；$\tilde{u}(k) \in \mathbf{R}^m$、$\hat{u}(k) \in \mathbf{R}^m$ 和 $u(k) \in \mathbf{R}^m$ 为观测器控制输入、未丢包下的控制输入和有数据包丢失的控制输入；$r(k) \in \mathbf{R}^l$ 为产生的残差信号；$K_i \in \mathbf{R}^{m \times n}$ 为待求的控制器增益；$L_i \in \mathbf{R}^{n \times p}$ 和 $V_i \in \mathbf{R}^{l \times p}$ 为待设计的 FDF 参数。

随机变量 $\beta(k)$ 为伯努利分布的白噪声序列，且满足如下关系，即

$$\text{Prob}\{\beta(k) = 1\} = E\{\beta(k)\} = \bar{\beta} \tag{4.8}$$

$$\text{Prob}\{\beta(k) = 0\} = 1 - E\{\beta(k)\} = 1 - \bar{\beta} \tag{4.9}$$

$$\text{Var}\{\beta(k)\} = E\{(\beta(k) - \bar{\beta})^2\} = \bar{\beta}(1 - \bar{\beta}) = \sigma_2^2 \tag{4.10}$$

注释 4.1　本章引入相互独立的伯努利白噪声序列 $\alpha(k)$ 和 $\beta(k)$ 的目的是表示从传感器到控制器和从控制器到执行器的数据包丢失信息。$u(k)$ 由于受到数据包丢失的影响，FDF 的控制输入 $\tilde{u}(k)$ 不等同于控制器中的 $u(k)$，因此该闭环故障检测设计策略更加适合实际网络化控制系统。

下面对真实故障和加权故障两种情况给出闭环切换故障检测动态系统模型。

4.2.1　真实故障下闭环切换故障检测系统模型

定义如下变量，即

$$e(k) = x(k) - \hat{x}(k), \quad \tilde{r}(k) = r(k) - f(k) \tag{4.11}$$

根据式 (4.1)、式 (4.2)、式 (4.6)、式 (4.7) 和式 (4.11)，可以得到如下闭环切换动态系统，即

$$\begin{cases} \eta(k+1) = \bar{A}_i\eta(k) + \bar{A}_{hi}\eta(k - h(k)) + (\alpha(k) - \bar{\alpha})\bar{A}_{1i}\eta(k) \\ \qquad\qquad + (\beta(k) - \bar{\beta})\bar{A}_{2i}\eta(k) + \bar{B}_{1i}v(k) \\ \tilde{r}(k) = \bar{C}_i\eta(k) + (\alpha(k) - \bar{\alpha})\bar{C}_{1i}\eta(k) + \bar{B}_{2i}v(k) \end{cases} \tag{4.12}$$

其中,$\bar{A}_i = \begin{bmatrix} A_i + \bar{\beta}B_iK_i & -\bar{\beta}B_iK_i \\ 0 & A_i - \bar{\alpha}L_iC_i \end{bmatrix}$; $\bar{A}_{1i} = \begin{bmatrix} 0 & 0 \\ -L_iC_i & 0 \end{bmatrix}$; $\bar{A}_{2i} =$

$\begin{bmatrix} B_iK_i & -B_iK_i \\ B_iK_i & -B_iK_i \end{bmatrix}$; $\bar{A}_{hi} = \begin{bmatrix} A_{hi} & 0 \\ 0 & A_{hi} \end{bmatrix}$; $\bar{B}_{1i} = \begin{bmatrix} D_i & F_i \\ D_i - L_iE_i & F_i \end{bmatrix}$; $\eta(k) =$

$\begin{bmatrix} x(k) \\ e(k) \end{bmatrix}$; $v(k) = \begin{bmatrix} w(k) \\ f(k) \end{bmatrix}$; $\bar{C}_i = \begin{bmatrix} 0, & \bar{\alpha}V_iC_i \end{bmatrix}$; $\bar{C}_{1i} = \begin{bmatrix} V_iC_i, & 0 \end{bmatrix}$;

$\bar{B}_{2i} = \begin{bmatrix} V_iE_i, & -I \end{bmatrix}$。

4.2.2 加权故障下闭环切换故障检测系统模型

假设故障信号在特定的频率间隔内,最小化实现加权故障 $\hat{f}(z) = W(z)f(z)$ 可以表示为

$$\begin{aligned} \bar{x}(k+1) &= A_w\bar{x}(k) + B_wf(k) \\ \hat{f}(k) &= C_w\bar{x}(k) + D_wf(k) \end{aligned} \tag{4.13}$$

定义如下变量,即

$$e(k) = x(k) - \hat{x}(k), \quad \tilde{r}(k) = r(k) - \hat{f}(k) \tag{4.14}$$

根据式 (4.1)、式 (4.2)、式 (4.6)、式 (4.7)、式 (4.13) 和式 (4.14),可获得相同的闭环切换动态系统的表达式 (4.12)。向量 $v(k)$ 定义形式和式 (4.12) 相同,其他矩阵向量定义如下,即

$$\bar{A}_i = \begin{bmatrix} A_i + \bar{\beta}B_iK_i & -\bar{\beta}B_iK_i & 0 \\ 0 & A_i - \bar{\alpha}L_iC_i & 0 \\ 0 & 0 & A_w \end{bmatrix};$$

$$\bar{A}_{hi} = \begin{bmatrix} A_{hi} & 0 & 0 \\ 0 & A_{hi} & 0 \\ 0 & 0 & 0 \end{bmatrix}; \quad \eta(k) = \begin{bmatrix} x(k) \\ e(k) \\ \bar{x}(k) \end{bmatrix};$$

$$\bar{A}_{1i} = \begin{bmatrix} 0 & 0 & 0 \\ -L_iC_i & 0 & 0 \\ 0 & 0 & 0 \end{bmatrix}; \quad \bar{A}_{2i} = \begin{bmatrix} B_iK_i & -B_iK_i & 0 \\ B_iK_i & -B_iK_i & 0 \\ 0 & 0 & 0 \end{bmatrix};$$

$$\bar{B}_{1i} = \begin{bmatrix} D_i & F_i \\ D_i - L_i E_i & F_i \\ 0 & B_w \end{bmatrix};$$

$$\bar{C}_i = \begin{bmatrix} 0, & \bar{\alpha} V_i C_i, & -C_w \end{bmatrix}; \quad \bar{C}_{1i} = \begin{bmatrix} V_i C_i, & 0, & 0 \end{bmatrix}; \quad \bar{B}_{2i} = \begin{bmatrix} V_i E_i, & -D_w \end{bmatrix}.$$

由式 (4.12) 可以看出,控制增益 K_i、滤波器参数 L_i 和 V_i 都会影响增广故障检测动态系统的稳定性和残差生成器的收敛性。

在推导主要结论之前,引入如下定义。

定义 4.1[10]　给定标量 $\gamma > 0$ 和 $0 < \lambda < 1$,在零初始条件下,对于每一个非零的 $v(k) \in l_2(0, \infty)$,如果系统 (4.12) 是指数均方稳定且满足 $E\left\{ \sum\limits_{s=k_0}^{\infty} (1-\lambda)^s \tilde{r}^{\mathrm{T}}(s) \right.$ $\left. \tilde{r}(s) \right\} \leqslant E\left\{ \sum\limits_{s=k_0}^{\infty} \gamma^2 v^{\mathrm{T}}(s) v(s) \right\}$,那么切换时滞系统 (4.12) 是指数均方稳定的,并且具有 H_∞ 抗干扰抑制水平 γ。

定义 4.2[10]　如果存在标量 $\delta > 0$ 和 $0 < \chi < 1$,在 $v(k) = 0$ 时满足 $E\{\|\eta(k)\|^2\} < \delta \chi^{(k-k_0)} E\{\|\varphi\|_l^2\}$,$k \geqslant k_0$,那么离散切换时滞系统 (4.12) 在切换信号 $\sigma(\tau)$ 作用下是指数稳定的,其中 $\|\varphi\|_l = \sup\limits_{k_0 - h_M < \theta < k_0} \|\varphi_\theta\|$,$\chi$ 称为衰减率,$k_0 \leqslant \tau \leqslant k$。

定义 4.3[13]　对于任意 $k \geqslant k_0$,给定 $N_0 \geqslant 0$ 和 $T_a > 0$,若 $N_\sigma(k_0, k) \leqslant N_0 + (k - k_0)/T_a$,则 N_σ 表示切换信号 $\sigma(\tau)$ 在 $[k_0, k]$ 上的切换次数,其中 T_a 和 N_0 称为平均驻留时间和抖振界,一般情况下假设 $N_0 = 0$。

4.3　故障检测滤波器和控制器协同设计

4.3.1　H_∞ 性能分析

定理 4.1　给定标量 $0 < \lambda < 1$ 和 $\mu > 1$,带有平均驻留时间的切换信号 $\sigma(\tau)$ 满足 $T_a \geqslant T_a^* = -\ln\mu / \ln(1-\lambda)$,闭环网络切换时滞系统 (4.12) 是指数均方稳定的且满足 H_∞ 性能指标 γ。若存在正定矩阵 P_i、Q_i、R_{1i}、$R_{2i}(i = 1, 2, \cdots, n)$,对于任意的 $i, j \in N$,使如下不等式成立,即

$$P_i \leqslant \mu P_j, \quad Q_i \leqslant \mu Q_j, \quad R_{1i} \leqslant \mu R_{1j}, \quad R_{2i} \leqslant \mu R_{2j} \tag{4.15}$$

$$\begin{bmatrix} \Xi_{11i} & \Xi_{12i} & \Xi_{13i} \\ * & \Xi_{22i} & 0 \\ * & * & \Xi_{33} \end{bmatrix} < 0 \tag{4.16}$$

其中

$$\Xi_{11i} = -\text{diag}\big\{(1-\lambda)P_i - (h_M - h_m + 1)Q_i - R_{1i} - R_{2i},$$
$$(1-\lambda)^{h_m}Q_i, (1-\lambda)^{h_m}R_{1i}, (1-\lambda)^{h_M}R_{2i}, \gamma^2 I\big\}$$
$$\Xi_{22i} = -\text{diag}\big\{P_i^{-1}, P_i^{-1}, P_i^{-1}\big\}$$
$$\Xi_{33} = -\text{diag}\{I, I\}$$
$$\Xi_{12i} = [\Sigma_{1i} \quad \Sigma_{2i} \quad \Sigma_{3i}]$$
$$\Xi_{13i} = [\Theta_{1i} \quad \Theta_{2i}]$$
$$\Sigma_{1i} = \begin{bmatrix} \bar{A}_i, & \bar{A}_{hi}, & 0, & 0, & \bar{B}_{1i} \end{bmatrix}^{\mathrm{T}}$$
$$\Sigma_{2i} = \begin{bmatrix} \sigma_1 \bar{A}_{1i}, & 0, & 0, & 0, & 0 \end{bmatrix}^{\mathrm{T}}$$
$$\Sigma_{3i} = \begin{bmatrix} \sigma_2 \bar{A}_{2i}, & 0, & 0, & 0, & 0 \end{bmatrix}^{\mathrm{T}}$$
$$\Theta_{1i} = \begin{bmatrix} \bar{C}_i, & 0, & 0, & 0, & \bar{B}_{2i} \end{bmatrix}^{\mathrm{T}}$$
$$\Theta_{2i} = \begin{bmatrix} \sigma_1 \bar{C}_{1i}, & 0, & 0, & 0, & 0 \end{bmatrix}^{\mathrm{T}}$$

证明 对于第 i 个切换子系统，构造如下 L–K 泛函，即

$$V_i(k) = \sum_{l=1}^{3} V_{li}(k) \tag{4.17}$$

$$V_{1i}(k) = \eta^{\mathrm{T}}(k)P_i\eta(k)$$

$$V_{2i}(k) = \sum_{s=k-h_m}^{k-1} (1-\lambda)^{k-s-1}\eta^{\mathrm{T}}(s)R_{1i}\eta(s) + \sum_{s=k-h(k)}^{k-1} (1-\lambda)^{k-s-1}\eta^{\mathrm{T}}(s)Q_i\eta(s)$$

$$+ \sum_{s=k-h_M}^{k-1} (1-\lambda)^{k-s-1}\eta^{\mathrm{T}}(s)R_{2i}\eta(s)$$

$$V_{3i}(k) = \sum_{j=k-h_M+1}^{k-h_m} \sum_{s=j}^{k-1} (1-\lambda)^{k-s-1}\eta^{\mathrm{T}}(s)Q_i\eta(s)$$

沿着系统 (4.12) 的轨线对 $V(k)$ 求差分可得到下式，即

$$E\big\{\Delta V_{1i}(k) + \lambda V_{1i}(k)\big\}$$
$$= \big[\bar{A}_i\eta(k) + \bar{A}_{hi}\eta(k-h(k)) + \bar{B}_{1i}v(k)\big]^{\mathrm{T}} P_i \big[\bar{A}_i\eta(k) + \bar{A}_{hi}\eta(k-h(k)) + \bar{B}_{1i}v(k)\big]$$
$$+ \sigma_1^2 \eta^{\mathrm{T}}(k)\bar{A}_{1i}^{\mathrm{T}}P\bar{A}_{1i}\eta(k) + \sigma_2^2 \eta^{\mathrm{T}}(k)\bar{A}_{2i}^{\mathrm{T}}P_i\bar{A}_{2i}\eta(k) - (1-\lambda)\eta^{\mathrm{T}}(k)P_i\eta(k)$$

$$\tag{4.18}$$

$$E\big\{\Delta V_{2i}(k) + \lambda V_{2i}(k)\big\}$$

$$\leqslant \eta^{\mathrm{T}}(k)(R_{1i} + Q_i + R_{2i})\eta(k) - (1-\lambda)^{h_m}\eta^{\mathrm{T}}(k-h_m)R_{1i}\eta(k-h_m)$$

$$+ \sum_{s=k-h_M+1}^{k-h_m} \eta^{\mathrm{T}}(s)(1-\lambda)^{k-s}Q_i\eta(s) - (1-\lambda)^{h_m}\eta^{\mathrm{T}}(k-h(k))Q_i\eta(k-h(k))$$

$$- (1-\lambda)^{h_M}\eta^{\mathrm{T}}(k-h_M)R_{2i}\eta(k-h_M) \tag{4.19}$$

$$E\{\Delta V_{3i}(k) + \lambda V_{3i}(k)\}$$

$$= (h_M - h_m)\eta^{\mathrm{T}}(k)Q_i\eta(k) - \sum_{s=k-h_M+1}^{k-h_m} \eta^{\mathrm{T}}(s)(1-\lambda)^{k-s}Q_i\eta(s) \tag{4.20}$$

基于 Schur 补引理, 容易得到下式, 即

$$\Delta V_i + \lambda V_i(k) \leqslant 0 \tag{4.21}$$

由式 (4.21) 可推导出 $V_i(k+1) - V_i(k) \leqslant -\lambda V_i(k)$, 则有如下不等式成立, 即

$$V_{\sigma(k)}(k) \leqslant (1-\lambda)^{k-k_l}V_{\sigma(k_l)}(k_l) \tag{4.22}$$

根据不等式 (4.15) 和式 (4.22) 可得到下式, 即

$$V_{\sigma(k)}(k) \leqslant (1-\lambda)^{k-k_l}V_{\sigma(k_l)}(k_l)$$

$$\leqslant (1-\lambda)^{k-k_l}\mu V_{\sigma(k_{l-1})}(k_l)$$

$$\leqslant \mu(1-\lambda)^{k-k_l}(1-\lambda)^{k_l-k_{l-1}}V_{\sigma(k_{l-1})}(k_{l-1})$$

$$\cdots$$

$$\leqslant (1-\lambda)^{k-k_0}\mu^{(k-k_0)/T_a}V_{\sigma(k_0)}(k_0)$$

$$\leqslant \left[(1-\lambda)\mu^{1/T_a}\right]^{(k-k_0)}V_{\sigma(k_0)}(k_0) \tag{4.23}$$

根据式 (4.23), 对于给定的 Lyapunov 函数可得如下不等式, 即

$$\kappa_1\|\eta(k)\|^2 \leqslant V_{\sigma(k)}(k)$$

$$\leqslant \left[(1-\lambda)\mu^{1/T_a}\right]^{k-k_0}V_{\sigma(k_0)}(k_0)$$

$$\leqslant \left[(1-\lambda)\mu^{1/T_a}\right]^{k-k_0}\kappa_2\|\varphi\|_l^2 \tag{4.24}$$

由式 (4.24) 可知

$$\|\eta(k)\|^2 \leqslant \frac{\kappa_2}{\kappa_1}\chi^{k-k_0}\|\varphi\|_l^2 \tag{4.25}$$

其中, $\kappa_1 = \min\limits_{\forall i \in N} \lambda_{\min}(P_i); \kappa_2 = \max\limits_{\forall i \in N} \lambda_{\max}(P_i) + \max\limits_{\forall i \in N} \lambda_{\max}(R_{1i}) + (1 + h_M - h_m)\max\limits_{\forall i \in N}\lambda_{\max}(Q_i) + \max\limits_{\forall i \in N}\lambda_{\max}(R_{2i}); \chi = \sqrt{(1-\lambda)\mu^{1/T_a}}$。

因此，根据已知条件 $T_a \geqslant T_a^* = -\ln\mu/\ln(1-\lambda)$，可得 $\chi < 1$。当 $v(k) = 0$ 时，根据定义 4.2，系统 (4.12) 是指数稳定的。

下面分析闭环网络切换时滞系统 (4.12) 的 H_∞ 性能。基于 Schur 补引理，可得下式，即

$$\Delta V_i + \lambda V_i(k) + \Gamma(k) < 0 \tag{4.26}$$

其中，$\Gamma(k) = \tilde{r}^{\mathrm{T}}(k)\tilde{r}(k) - \gamma^2 v^{\mathrm{T}}(k)v(k)$。

根据不等式 (4.26) 可递推出下式，即

$$V_i(k) < (1-\lambda)^{k-k_0} V_i(k_0) - \sum_{s=k_0}^{k-1} (1-\lambda)^{k-s-1} \Gamma(s) \tag{4.27}$$

为了建立系统 (4.12) 指数 H_∞ 的性能指标，选择如下指数函数，即

$$J_N = E\left\{ \sum_{s=k_0}^{\infty} (1-\lambda)^s \tilde{r}^{\mathrm{T}}(k)\tilde{r}(k) - \gamma^2 v^{\mathrm{T}}(k)v(k) \right\} \tag{4.28}$$

参考文献 [18] 的相关方法，由式 (4.15) 和式 (4.27) 可以得到下式，即

$$
\begin{aligned}
V_{\sigma(k)}(k) &\leqslant (1-\lambda)^{k-k_l} V_{\sigma(k)}(k_l) - \sum_{s=k_l}^{k-1} (1-\lambda)^{k-s-1} \Gamma(s) \\
&\leqslant (1-\lambda)^{k-k_l} \mu V_{\sigma(k_{l-1})}(k_l) - \sum_{s=k_l}^{k-1} (1-\lambda)^{k-s-1} \Gamma(s) \\
&= (1-\lambda)^{k-k_0} \mu^{N(k_0,k)} V_{\sigma(k_0)}(k_0) - \sum_{s=k_0}^{k-1} \mu^{N(s,k)} (1-\lambda)^{k-s-1} \Gamma(s)
\end{aligned}
\tag{4.29}
$$

在零初始条件下，不等式 (4.29) 可以改写为

$$\sum_{s=k_0}^{k-1} \mu^{N_\sigma(s,k)} (1-\lambda)^{k-s-1} \Gamma(s) \leqslant 0 \tag{4.30}$$

不等式 (4.30) 两边同时乘以 $\mu^{-N_\sigma(0,k)}$ 可转化为

$$
\begin{aligned}
&\mu^{-N_\sigma(0,k)} \sum_{s=k_0}^{k-1} \mu^{N_\sigma(s,k)} (1-\lambda)^{k-s-1} \tilde{r}^{\mathrm{T}}(s)\tilde{r}(s) \\
&\leqslant \mu^{-N_\sigma(0,k)} \sum_{s=k_0}^{k-1} \mu^{N_\sigma(s,k)} (1-\lambda)^{k-s-1} \gamma^2 v^{\mathrm{T}}(s)v(s)
\end{aligned}
\tag{4.31}
$$

式 (4.31) 等价于

$$\sum_{s=k_0}^{k-1} \mu^{-N_\sigma(0,s)} (1-\lambda)^{k-s-1} \tilde{r}^{\mathrm{T}}(s)\tilde{r}(s)$$

$$\leqslant \sum_{s=k_0}^{k-1} \mu^{-N_\sigma(0,s)} (1-\lambda)^{k-s-1} \gamma^2 v^{\mathrm{T}}(s)v(s) \tag{4.32}$$

考虑如下不等式，即

$$N(0,s) \leqslant \frac{s}{T_a} \leqslant \frac{-s\ln(1-\lambda)}{\ln\mu} \tag{4.33}$$

由上述不等式可以推导出下式，即

$$\sum_{s=k_0}^{k-1} \mu^{s\ln(1-\lambda)/\ln\mu} (1-\lambda)^{k-s-1} \tilde{r}^{\mathrm{T}}(s)\tilde{r}(s)$$

$$\leqslant \sum_{s=k_0}^{k-1} \mu^{-N_\sigma(0,s)} (1-\lambda)^{k-s-1} \tilde{r}^{\mathrm{T}}(s)\tilde{r}(s)$$

$$\leqslant \sum_{s=k_0}^{k-1} \mu^{-N_\sigma(0,s)} (1-\lambda)^{k-s-1} \gamma^2 v^{\mathrm{T}}(s)v(s) \tag{4.34}$$

因此，有如下不等式成立，即

$$\sum_{s=k_0}^{k-1} (1-\lambda)^s (1-\lambda)^{k-s-1} \tilde{r}^{\mathrm{T}}(s)\tilde{r}(s)$$

$$\leqslant \sum_{s=k_0}^{k-1} (1-\lambda)^{k-s-1} \gamma^2 v^{\mathrm{T}}(s)v(s) \tag{4.35}$$

令 $k \to \infty$，不等式 (4.35) 可以转化为

$$\sum_{s=k_0}^{\infty} (1-\lambda)^s \tilde{r}^{\mathrm{T}}(s)\tilde{r}(s) \leqslant \sum_{s=k_0}^{\infty} \gamma^2 v^{\mathrm{T}}(s)v(s) \tag{4.36}$$

因此，闭环网络切换时滞系统 (4.12) 满足指数均方 H_∞ 稳定，定理得证。

证毕.

注释 4.2　不同于现存文献给定控制增益 K_i 或将控制器 $u(k)$ 放入增广状态的情况，本章协同设计的 FDF 和控制器可以提高其自由度和故障检测性能。

4.3.2 故障检测滤波器和控制器协同设计

定理 4.2 给定标量 $0 < \lambda < 1$ 和 $\mu > 1$，闭环网络切换动态系统 (4.12) 是指数均方稳定的且满足 H_∞ 性能指标 γ。若存在正定矩阵 $\mathcal{P}_i$、P_i、Q_i、R_{1i}、$R_{2i}(i = 1, 2, \cdots, n)$，满足如下约束条件，即

$$\begin{bmatrix} \varXi_{11i} & \varXi_{12i} & \varXi_{13i} \\ * & \bar{\varXi}_{22i} & 0 \\ * & * & \varXi_{33} \end{bmatrix} < 0 \tag{4.37}$$

$$\mathcal{P}_i P_i = I, \quad i = 1, 2, \cdots, n \tag{4.38}$$

其中，$\bar{\varXi}_{22i} = -\mathrm{diag}\{\mathcal{P}_i, \mathcal{P}_i, \mathcal{P}_i\}$；$\varXi_{11i}$、$\varXi_{33}$、$\varXi_{12i}$、$\varXi_{13i}$ 的定义如式 (4.16) 所示。

注释 4.3 由于定理 4.2中的稳定性条件存在非线性项，即 $\bar{\varXi}_{22i}$ 中同时存在 $-P_i$ 和 $-P_i^{-1}$，因此定理 4.2不是严格意义下的 LMI，不能直接通过 LMI 工具箱来解决。下面采用锥补线性化[19]算法解决上述非凸矩阵不等式。

FDF 和控制器协同设计算法如下，即

$$\mathrm{Min}\ \mathrm{tr}(\mathcal{P}_i P_i)$$

$$\text{s.t.} \quad 式(4.37)和 \begin{bmatrix} \mathcal{P}_i & I \\ I & P_i \end{bmatrix} \geqslant 0, \quad i = 1, 2, \cdots, n \tag{4.39}$$

尽管式 (4.39) 给出了一个次优解来解决上述非线性矩阵不等式 (4.38)，但相比原来非凸最小化问题来说，更容易解决。

4.4 仿真实验研究

本节通过一个数值仿真实例[6, 13]证明提出的方法的有效性。考虑两个子系统的离散时间线性切换系统，设定如下系统参数。

子系统 1：$A_1 = \begin{bmatrix} 0.2 & -0.1 \\ 0 & 0.4 \end{bmatrix}$；$A_{h1} = \begin{bmatrix} 0.1 & 0 \\ 0.1 & 0.3 \end{bmatrix}$；$B_1 = \begin{bmatrix} 0.1 \\ 0.3 \end{bmatrix}$；$D_1 = \begin{bmatrix} 0.2 \\ 0.1 \end{bmatrix}$；$F_1 = \begin{bmatrix} 1.3 \\ 1.6 \end{bmatrix}$；$C_1 = \begin{bmatrix} 0.1, & 0 \end{bmatrix}$；$E_1 = 1.1$。

子系统 2：$A_2 = \begin{bmatrix} 0.4 & 0.1 \\ 0.1 & 0.3 \end{bmatrix}$；$A_{h2} = \begin{bmatrix} 0.1 & 0 \\ 0.2 & 0.1 \end{bmatrix}$；$B_2 = \begin{bmatrix} 0.3 \\ 0.2 \end{bmatrix}$；$D_2 = \begin{bmatrix} 0.2 \\ 0.6 \end{bmatrix}$；$F_2 = \begin{bmatrix} 1.5 \\ 1.2 \end{bmatrix}$；$C_2 = \begin{bmatrix} 0, & 0.1 \end{bmatrix}$；$E_2 = 1.2$。

设时变时滞范围满足 $4 \leqslant h(k) \leqslant 20$，选择 $\lambda = 0.05$ 和 $\mu = 1.05$，可以求得 $T_a{}^* = -\ln\mu/\ln(1-\lambda) = 0.9512$。

4.4.1　真实故障下仿真实验分析

下面在两种不同丢包率情况下验证所提方法的有效性。

情况 1：假设随机变量 $\alpha(k)$ 和 $\beta(k)$ 满足 $\bar\alpha = E\{\alpha(k)\} = 0.8$，$\sigma_1{}^2 = \bar\alpha(1-\bar\alpha) = 0.16$；$\bar\beta = E\{\beta(k)\} = 0.9$，$\sigma_2{}^2 = \bar\beta(1-\bar\beta) = 0.09$，通过求解 FDF 和控制器协同优化算法 (4.39)，可以得到最小的扰动抑制界 $\gamma_{\min}=1.542$。控制器增益矩阵为 $K_1 = \begin{bmatrix} -0.1164, & -0.5340 \end{bmatrix}$，$K_2 = \begin{bmatrix} -0.3363, & -0.3891 \end{bmatrix}$；观测器增益矩阵为 $L_1 = \begin{bmatrix} 0.0432, & 0.0060 \end{bmatrix}$，$L_2 = \begin{bmatrix} 0.0225, & 0.0865 \end{bmatrix}$；残差加权矩阵为 $V_1 = 0.1151$，$V_2 = 0.2965$。

情况 2：假设随机变量 $\alpha(k)$ 和 $\beta(k)$ 满足 $\bar\alpha = E\{\alpha(k)\} = 0.1$，$\sigma_1{}^2 = \bar\alpha(1-\bar\alpha) = 0.09$；$\bar\beta = E\{\beta(k)\} = 0.1$，$\sigma_2{}^2 = \bar\beta(1-\bar\beta) = 0.09$，通过求解 FDF 和控制器协同优化算法 (4.39)，可以得到最小的扰动抑制界 $\gamma_{\min}=1.548$。控制器增益矩阵为 $K_1 = \begin{bmatrix} -0.0255, & -0.1555 \end{bmatrix}$，$K_2 = \begin{bmatrix} -0.0827, & -0.0581 \end{bmatrix}$；观测器增益矩阵为 $L_1 = \begin{bmatrix} 0.0359, & 0.0075 \end{bmatrix}$，$L_2 = \begin{bmatrix} 0.0113, & 0.0673 \end{bmatrix}$；残差加权矩阵为 $V_1 = 0.1043$，$V_2 = 0.2959$。

下面详细阐述时变时滞特性和故障检测 H_∞ 性能指标 γ 之间的关系。根据定理 4.2，假定 $\alpha(k)$ 和 $\beta(k)$ 满足丢包情况 1，可得不同时变时滞范围下的最小扰动抑制界 $\gamma_{\min}$(表 4.1)，同时验证闭环网络切换时滞系统 (4.12) 为均方稳定。

表 4.1　不同时变时滞范围下的最小扰动抑制界 $\gamma_{\min}$

$h(k)$	$4 \leqslant h(k) \leqslant 20$	$4 \leqslant h(k) \leqslant 30$	$4 \leqslant h(k) \leqslant 40$
$\gamma_{\min}$	1.542	1.621	1.724

为了进一步阐述设计的 FDF 性能，考虑如下外部扰动 $w(k)$ 和故障信号 $f(k)$，即

$$w(k) = \begin{cases} 20\exp(-0.1k)n(k), & k = 0, 1, \cdots, 100 \\ 0, & \text{其他} \end{cases}$$

其中，$n(k)$ 为间隔 $[-0.3, 0.3]$ 上均匀分布的随机噪声。

$$f(k) = \begin{cases} 0.5\sin(k), & k \in [30, 60] \\ 0, & \text{其他} \end{cases}$$

选择系统 (4.12) 的初始条件 $x(k) = 0$，$e(k) = 0$，$k \in \mathbf{Z}^-$。图 4.2 和图 4.3 分别表示状态响应 $x(k)$ 和状态误差 $e(k)$。可以看出，系统 (4.12) 是均方稳定的。

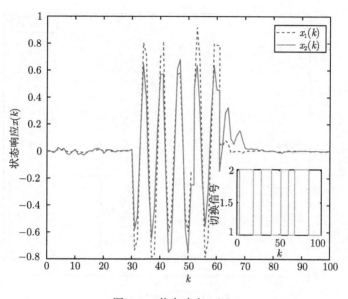

图 4.2 状态响应 $x(k)$

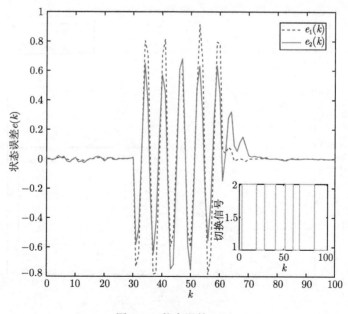

图 4.3 状态误差 $e(k)$

残差信号 $r(k)$ 和残差评价函数 $J_L(r)$ 如图 4.4和图 4.5所示。由此可知，当发生故障时，滤波器能够及时有效地检测出故障。从 $l_0 = 0$ 到 $L = 100$，阈值可

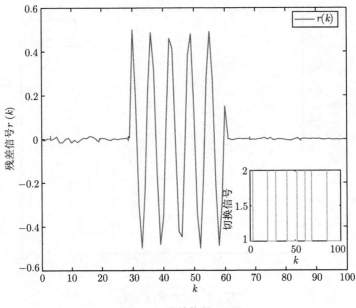

图 4.4　残差信号 $r(k)$

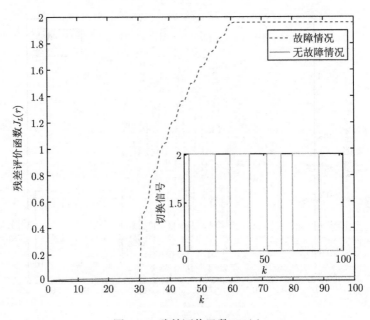

图 4.5　残差评价函数 $J_L(r)$

计算为 $J_{th} = \sup\limits_{w \in l_2, f=0} E\left\{ \sum\limits_{k=0}^{100} r^{\mathrm{T}}(k)r(k) \right\}^{1/2} = 2.52 \times 10^{-2}$。由仿真实验结果可得，

$E\left\{ \sum\limits_{k=0}^{31} r^{\mathrm{T}}(k)r(k) \right\}^{1/2} = 0.4968$，说明故障 $f(k)$ 在发生 1 个时间步长后可以被检测出来。

4.4.2 加权故障下仿真实验分析

选择加权矩阵参数 $A_w = 0.1$、$B_w = 0.25$、$C_w = 0.5$、$D_w = 0$，同样假设丢包概率满足两种情况下验证所提方法在加权故障下的有效性。

丢包概率满足 4.4.1 节情况 1，即通过求解优化算法 (4.39)，得到最小的扰动抑制界 $\gamma_{\min} = 1.208$。控制器增益矩阵 $K_1 = [-0.1041, -0.5331]$，$K_2 = [-0.3863, -0.3826]$；观测器增益矩阵 $L_1 = [0.2505, 0.1338]$，$L_2 = [0.4149, 0.3753]$；残差加权矩阵 $V_1 = 0.0039$，$V_2 = 0.0041$。

丢包概率满足 4.4.1 节情况 2，即通过求解优化算法 (4.39)，得到最小的扰动抑制界 $\gamma_{\min} = 1.218$。控制器增益矩阵 $K_1 = [-0.0249, -0.1527]$，$K_2 = [-0.0946, -0.0634]$；观测器增益矩阵 $L_1 = [0.2306, 0.1222]$，$L_2 = [0.3935, 0.3638]$；残差加权矩阵 $V_1 = 0.0031$，$V_2 = 0.0041$。

下面在加权故障下详细阐述时变时滞特性是如何影响故障检测 H_∞ 性能的。应用定理 4.2，假定 $\alpha(k)$ 和 $\beta(k)$ 满足 4.4.1 节情况 1，可得不同时滞范围下的最小扰动抑制界 $\gamma_{\min}$（表 4.2）。从表 4.1 和表 4.2 可以看出，在加权故障下，由于故障限定在特定的频率范围内，获得的最小扰动抑制界 $\gamma_{\min}$ 要优于真实故障下的仿真结果。

为了详细阐述 FDF 性能，选择和 4.4.1 节相同的外部扰动 $w(k)$ 和故障信号 $f(k)$。

图 4.6 和图 4.7 所示为状态响应 $x(k)$ 和状态误差 $e(k)$。可以看出，系统 (4.12) 是均方稳定的。

残差信号 $r(k)$ 和残差评价函数 $J_L(r)$ 如图 4.8 和 4.9 所示。由此可知，当发生故障时，滤波器能够有效地检测出故障。从 $l_0 = 0$ 到 $L = 200$，计算阈值 $J_{th} = \sup\limits_{w \in l_2, f=0} E\left\{ \sum\limits_{k=0}^{200} r^{\mathrm{T}}(k)r(k) \right\}^{1/2} = 9.0237 \times 10^{-4}$。由仿真实验结果可得，$E\left\{ \sum\limits_{k=0}^{32} r^{\mathrm{T}}(k)r(k) \right\}^{1/2} = 0.0621$，即故障 $f(k)$ 在发生 2 个时间步长后被检测出来。

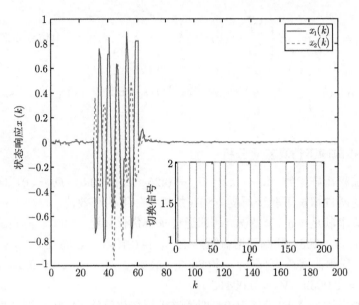

图 4.6　状态响应 $x(k)$

表 4.2　情况 1 下不同时滞范围的最小扰动抑制界 $\gamma_{\min}$

$h(k)$	$4 \leqslant h(k) \leqslant 20$	$4 \leqslant h(k) \leqslant 30$	$4 \leqslant h(k) \leqslant 40$
$\gamma_{\min}$	1.208	1.320	1.465

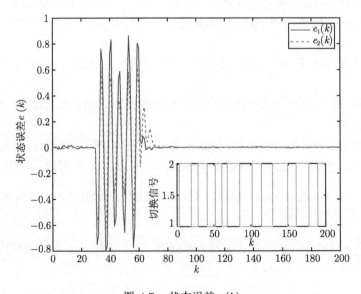

图 4.7　状态误差 $e(k)$

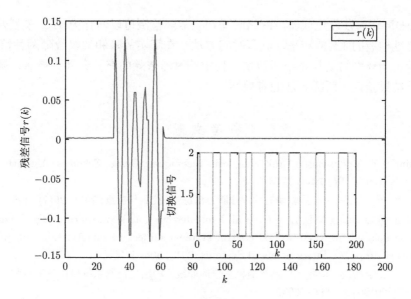

图 4.8 残差信号 $r(k)$

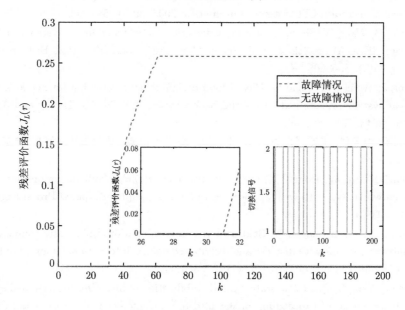

图 4.9 残差评价函数 $J_L(r)$

4.5 本章小结

本章主要讨论带有时变时滞和数据包丢失的离散网络切换时滞系统的 FDF 和控制器协同设计问题。该协同设计策略可提高 FDF 的性能。通过将基于观测器的 FDF 作为残差生成器, 网络时滞切换故障检测可以转化为 H_∞ 模型匹配问题。通过构造的 LKF 和平均驻留时间方法, 在真实故障和加权故障两种情况下, 给出满足闭环网络切换系统指数均方稳定的时滞依赖的充分条件。最后, 数值仿真实验结果验证了所提方法的有效性。

参 考 文 献

[1] Ding S X. Model-Based Fault Diagnosis Techniques: Design Schemes, Algorithms and Tools. Berlin, Springer, 2008.

[2] 李晗, 萧德云. 基于数据驱动的故障诊断方法综述. 控制与决策, 2011, 26(1): 1–9.

[3] Wang S Q, Jiang Y L, Li Y C, et al. Fault detection and control co-design for discrete time delayed fuzzy networked control systems subject to quantization and multiple packet dropouts. Fuzzy Sets and Systems, 2017, 306: 1–25.

[4] 罗小元, 袁园, 张玉燕, 等. 具有随机丢包的非线性网络化控制系统鲁棒故障检测. 控制与决策, 2013, 10: 1596–1600.

[5] Zhong M Y, Ding S X, Lam J, et al. An LMI approach to design robust fault detection filter for uncertain LTI systems. Automatica, 2003, 39(3): 543–550.

[6] Wang D, Wang W, Shi P. Robust fault detection for switched linear systems with state delays. IEEE Transactions on Systems, Man, and Cybernetics, Part B: Cybernetics, 2009, 39(3): 800–805.

[7] Feng J, Wang S Q, Zhao Q. Closed-loop design of fault detection for networked nonlinear systems with mixed delays and packet losses. IET Control Theory and Applications, 2013, 7(6): 858–868.

[8] 董朝阳, 马奥佳, 王青, 等. 网络化切换控制系统故障检测与优化设计. 控制与决策, 2016, 2: 233–241.

[9] Zhai D, An L W, Dong J X, et al. Simultaneous H_2/H_∞ fault detection and control for networked systems with application to forging equipment. Signal Processing, 2016, 125: 203–215.

[10] Park J H, Mathiyalagan K, Sakthivel R. Fault estimation for discrete-time switched nonlinear systems with discrete and distributed delays. International Journal of Robust and Nonlinear Control, 2016, 26(17): 3755–3771.

[11] Xie G, Wang L. Quadratic stability and stabilization of discrete time switched systems with state delay// Proceedings of the 43rd IEEE Conference on Decision and Control, 2004, 3235–3240.

[12] Sun X, Zhao J, Hill D J. Stability and L_2-gain analysis for switched delays systems: a delay dependent method. Automatica, 2006, 42(10): 1769–1774.

[13] Zhang D, Li Y, Zhang W A. Delay-dependent fault detection for switched linear systems with time-varying delays–the average dwell time approach. Signal Processing, 2011, 91(4): 832–840.

[14] Branicky M S. Multiple Lyapunov functions and other analysis tools for switched and hybrid systems. IEEE Transactions on Automatic Control, 1998, 43(4): 475–482.

[15] Zhang L X, Gao H J. Asynchronously switched control of switched linear systems with average dwell time. Automatica, 2010, 46(5): 953–958.

[16] 王申全, 王越男, 庞基越, 等. 基于网络的离散切换时滞系统故障检测和控制器协同设计. 控制与决策, 2017, 32(10): 1810–1816.

[17] Daafouz J, Riedinger P, Lung C. Stability analysis and control synthesis for switched systems: a switched Lyapunov function approach. IEEE Transactions on Automatic Control, 2002, 47(11): 1883–1887.

[18] Zhang L, Boukas E K, Shi P. Exponential H_∞ filtering for uncertain discrete-time switched linear systems with average dwell time: a μ dependent approach. International Journal of Robust and Nonlinear Control, 2008, 18(11): 1188–1207.

[19] Ghaoui L E, Oustry F, AitRami M. A cone complementarity linearization algorithm for static output-feedback and related problems. IEEE Transactions on Automatic Control, 1997, 42(8): 1171–1176.

第 5 章　有损传感器网络下非线性模糊时滞系统分布式一致性 H_∞ 故障检测

第 2 章 ~ 第 4 章为单个传感器网络下的传统故障检测研究成果。本章对带有时变时滞和不确定性的非线性 T–S 模糊系统，在有损传感器网络下设计分布式一致性 H_∞ 故障检测策略。有损传感器网络的数据包丢失可描述为伯努利分布白噪声序列。本章采用输入–输出方法，首先将增广故障检测系统等价地转化为互联子系统。然后，利用传感器 i 及相邻传感器信息，设计分布式 H_∞ 一致性 FDF，获得故障检测动态系统均方渐近稳定的充分条件，将可解的分布式滤波器参数转换为可行的凸优化问题。最后，通过数值仿真实验验证所提方法的有效性。

5.1　引　　言

在过去的几十年里，由于传感器网络在环境监测、工业自动化、信息收集和无线网络等不同领域的潜在应用，受到越来越多的关注[1]。一个典型的传感器网络是由大量的传感器节点和一些控制节点组成的，其中每个传感器都能执行简单的传感任务、计算和无线通信。作为传感器网络领域的一个研究热点，分布式的滤波或估计问题引起越来越多学者的关注[2-9]。另外，随着现代工业控制系统的复杂性日益提高和设备的规模程度不断扩大，系统一旦发生故障将会造成巨大的生命和财产损失，在此背景下故障诊断与检测技术应运而生。在过去的几十年涌现出大量故障检测分析和设计的研究结果[10-19]。然而，上述故障检测结构为传统集中式，不能将其分析结果直接应用于分布式传感器网络。对比于单一传感器的传统 FDF[12-19]，DRFDF 中的每个传感器不仅能够获得自身测量信息，还可以根据传感器网络的拓扑结构接收相邻传感器的信息。因此，DFDF 的关键问题是如何有效协调自身及其相邻传感器间的复杂耦合信息。近年来，分布式滤波和故障检测方面的研究已成为控制领域的热点[20-26]。

随着网络规模的不断扩大，由于分布式故障检测设计中传感器网络通信带宽的限制，不可避免的会带来新挑战，如网络数据包丢失。在上述挑战方面，文献 [6] ~ [9]，[13] ~ [17] 提出许多描述数据包丢失随机特性的数学模型。需要特别指出的是，上述文献描述的是传统网络化控制系统的数据包丢失现象，而针对传感器网络下的数据包丢失特性，设计 DFDF 尚缺乏行之有效的处理方法。

另外，T–S 模糊模型作为分析和设计非线性系统的有效工具，被广泛应用到化工过程、机器人系统和自动驾驶等高技术领域[13–18,27–37]。同时，时延和不确定性现象也广泛存在于上述非线性系统。时延和不确定性的存在会给系统分析设计带来困难，在过去的数十年内，人们对带有时延或不确定的 T–S 模糊系统开展了广泛地研究，如 FDF 设计[13–18]、可靠控制器设计[27,28,36] 和控制器设计[33]。带有时变时滞的 T–S 模糊系统开展分析和设计的关键问题在于如何获得该系统保守性更小的稳定性条件。近年来，输入–输出方法被认为是处理时变时滞、降低稳定性结果保守性的一种行之有效的方法[37,38]。综上，尽管有损传感器网络下的分布式 FFDF 设计在实际中相当重要，但始终未被充分研究，还值得众多学者进一步的分析研究。

本章针对一类带有时滞和不确定性的 T–S 模糊系统，利用输入–输出方法，在有损传感器网络下研究分布式 H_∞ 故障检测问题。不同于单一传感器的 FFDF，本章设计的 FFDF 在分布式结构下估计系统状态和残差信号。估计信息不仅利用自身传感器 i 的信息，同时也利用相邻传感器信息，增强传感器的可观测性和估计能力。在传感器网络中，通过互连拓扑提供的更多数据信息，可进一步减少每个节点计算状态估计的不确定性。多包丢失用来表示有损传感器网络，同时用输入–输出方法降低分布式 FFDF 稳定性结果的保守性。

5.2 问题描述和预备知识

5.2.1 问题描述

本节首先给出部分图论知识，作为分析和设计 DFDF 的基础。假设传感器网络有 n 个传感器节点，通过有向图 $\mathcal{G} = (\mathcal{V}, \mathcal{E}, \mathcal{W})$ 分布在传感器网络中。设 $\mathcal{V} = \{1, 2, \cdots, n\}$ 代表传感器节点集合，$\mathcal{E} \subseteq \mathcal{V} \times \mathcal{V}$ 表示边集，$\mathcal{W} = [w_{pq}]$ 表示加权邻接矩阵，其中 w_{pq} 非负，$w_{pq} > 0 \Leftrightarrow (p, q) \in \mathcal{E}$ 意味着传感器 p 可以从相邻传感器 q 获取信息，对所有 $p \in \mathcal{V}$，若 $w_{pp} = 1$，称为自环。若 $(p, q) \in \mathcal{E}$，q 节点称为节点 p 的一个邻居，自身节点与其相邻节点 $p \in \mathcal{V}$ 的集合可表示为 $\mathcal{N}_p = \{q \in \mathcal{V} : (p, q) \in \mathcal{E}\}$。

考虑如下带有时滞和不确定性的 T–S 模糊系统。

被控对象规则 i: IF $\theta_1(k)$ 是 η_{i1} 和 $\theta_2(k)$ 是 η_{i2} 和 $\cdots$ 和 $\theta_p(k)$ 是 η_{ip}，THEN

$$x(k+1) = (A_i + \Delta A_i(k))x(k) + (A_{\tau i} + \Delta A_{\tau i}(k))x(k - \tau(k)) + B_i \omega(k) + F_i f(k)$$

$$x(k) = \phi(k), \quad k = -\tau_2, -\tau_2 + 1, \cdots, 0 \tag{5.1}$$

其中，$x(k) \in \mathbf{R}^{n_x}$ 为系统状态；$f(k) \in \mathbf{R}^{n_f}$ 为待检故障；$\omega(k) \in \mathbf{R}^{n_\omega}$ 为扰动输入属于 $l_2[0, \infty)$；A_i、$A_{\tau i}$、B_i 和 F_i 为具有恰当维数的常值矩阵；$\phi(k)$ 为初始条

件；$\theta(k) = [\theta_1(k), \theta_2(k), \cdots, \theta_p(k)]$ 为前提变量；η_{ij} 为模糊集；$i = 1, 2, \cdots, r$ 为模糊规则；正整数 $\tau(k)$ 代表时变时滞且满足 $\tau_1 \leqslant \tau(k) \leqslant \tau_2$，$\tau_1$ 和 τ_2 为时变时滞 $\tau(k)$ 的已知下界和上界；$\Delta A_i(k)$ 和 $\Delta A_{\tau i}(k)$ 为系统 (5.1) 时变参数不确定性且满足如下形式，即

$$\begin{bmatrix} \Delta A_i(k) & \Delta A_{\tau i}(k) \end{bmatrix} = M_i \Sigma(k) \begin{bmatrix} N_i & N_{\tau i} \end{bmatrix} \tag{5.2}$$

其中，$\Sigma(k)$ 为具有 Lebesgue 可测元素的未知时变矩阵函数，满足

$$\Sigma^{\mathrm{T}}(k) \Sigma(k) \leqslant I \tag{5.3}$$

M_i、N_i 和 $N_{\tau i}$ 为具有恰当维数的已知矩阵，用于表示不确定性结构。

注释 5.1　系统模型 (5.1) 为带有时变时滞和不确定性的 T–S 模糊系统，用于表示许多实际物理系统，如风洞、冷轧机和卡车拖车系统等。针对上述系统模型，分析和设计 DFDF 的研究相对较少，因此在有损传感器网络下，针对系统 (5.1) 开展分布式故障检测研究具有重要的意义。

离散 T–S 模糊时滞系统 (5.1) 可用如下更紧凑的形式来表述，即

$$\begin{aligned} x(k+1) = \sum_{i=1}^{r} h_i(\theta(k)) \big[&(A_i + \Delta A_i(k)) x(k) + (A_{\tau i} + \Delta A_{\tau i}(k)) x(k - \tau(k)) \\ &+ B_i \omega(k) + F_i f(k) \big] \end{aligned} \tag{5.4}$$

其中，$h_i(\theta(k))$ 为隶属度函数且满足 $h_i(\theta(k)) = \dfrac{\prod\limits_{j=1}^{p} \eta_{ij}(\theta_j(k))}{\sum\limits_{i=1}^{r} \prod\limits_{j=1}^{p} \eta_{ij}(\theta_j(k))}$；$\eta_{ij}(\theta_j(k))$ 为 $\theta_j(k)$ 属于 η_{ij} 模糊集合中的隶属度，对于所有的 k，$\omega_i(\theta(k)) \geqslant 0$，$\sum\limits_{i=1}^{r} \omega_i(\theta(k)) > 0$。

可以看到，$h_i(\theta(k)) \geqslant 0$，$i = 1, 2, \cdots, r$ 且 $\sum\limits_{i=1}^{r} h_i(\theta(k)) = 1$。

5.2.2　有损传感器网络下的数据包丢失

由于被控对象和分布式 H_∞ 一致性 FFDF 之间存在有损传感器网络，因此不可避免的会产生数据包丢失的现象。对于每个传感器节点 $p(p = 1, 2, \cdots, n)$，其测量输出为

$$y_p(k) = \sum_{i=1}^{r} h_i(\theta(k)) \big(\alpha_p(k) C_{pi} x(k) + D_{pi} \omega(k) \big) \tag{5.5}$$

其中，$y_p(k) \in \mathbf{R}^{n_y}$ 为第 p 个传感器节点的测量输出；C_{pi} 和 D_{pi} 为具有恰当维数的已知常值矩阵；$\alpha_p(k)$ 为一组伯努利白噪声序列，满足 $\text{Prob}\{\alpha_p(k) = 1\} = \bar{\alpha}_p$ 和 $\text{Prob}\{\alpha_p(k) = 0\} = 1 - \bar{\alpha}_p$，其中 $\bar{\alpha}_p \in [0, 1]$ 为已知常值。

显然，对于随机变量 $\alpha_p(k)$，满足 $\sigma_p^2 \overset{\text{def}}{=} E\{(\alpha_p(k) - \bar{\alpha}_p)^2\} = \bar{\alpha}_p(1 - \bar{\alpha}_p)$。这里假设随机变量 $\alpha_p(k)$ 对于所有的节点 $p(1 \leqslant p \leqslant n)$ 都是相互独立的。

5.2.3 第 p 个传感器节点的分布式 H_∞ 一致性故障检测

在分布式传感器网络中，传感器节点 p 可用的信息不仅来自自身传感器节点，同时也与相邻的节点信息有关。基于传感器网络的时滞 T–S 模糊系统分布式鲁棒故障检测结构如图 5.1所示。

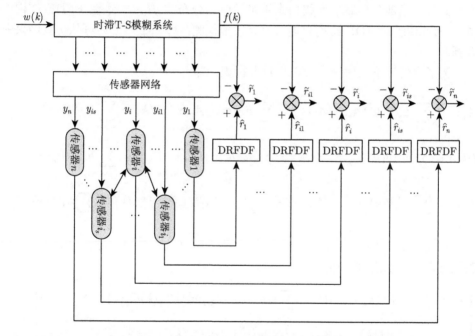

图 5.1 基于传感器网络的时滞 T–S 模糊系统分布式鲁棒故障检测结构

根据图 5.1所示的分布式鲁棒故障检测结构，设计如下形式的滤波器，即

$$
\begin{cases}
\hat{x}_p(k+1) = \displaystyle\sum_{i=1}^{r} h_i(\theta(k)) \left[\sum_{q \in \mathcal{N}_p} w_{pq} K_{pqi}(y_q(k) - \bar{\alpha}_q C_{qi} \hat{x}_q(k)) + \sum_{q \in \mathcal{N}_p} w_{pq} H_{pqi} \hat{x}_q(k) \right] \\
\hat{r}_p(k) = \displaystyle\sum_{i=1}^{r} h_i(\theta(k)) L_i \hat{x}_p(k)
\end{cases}
$$

$$(5.6)$$

其中，$\hat{x}_p(k) \in \mathbf{R}^{n_x}$ 为状态估计；$\hat{r}_p(k) \in \mathbf{R}^{n_f}$ 为传感器节点 p 产生的残差信号；矩阵 K_{pqi}、H_{pqi} 及 L_i 为节点 p 下待设计的滤波器参数。

注释 5.2　在分布式故障检测设计中，如何构建一种新的 DFDF 结构有效协调自身传感器与其相邻传感器间的复杂耦合信息显得尤为主要。本章设计的分布式 H_∞ 一致性 RFDF 结构形式如式 (5.6) 所示，代表相对更一般的故障滤波器。假设传感器节点 p 与其相邻节点间没有数据通信，分布式 FFDF 结构式 (5.6) 可以退化为传统滤波器结构形式，即

$$\hat{x}_p(k+1) = \sum_{i=1}^{r} h_i(\theta(k)) \big[K_{ppi}(y_p(k) - \bar{\alpha}_p C_{pi}\hat{x}_p(k)) + H_{ppi}\hat{x}_p(k) \big] \tag{5.7}$$

此外，当部分传感器网络信息不可用时，分布式 H_∞ 一致性 FFDF 结构式 (5.6) 相比传统的 FDF 结构更能及时有效地检测故障。上述描述可从仿真结果中看到。

为了方便接下来讨论，做以下符号标识，即

$$A(k) = \sum_{i=1}^{r} h_i(\theta(k))A_i; \quad A_\tau(k) = \sum_{i=1}^{r} h_i(\theta(k))A_{\tau i}; \quad B(k) = \sum_{i=1}^{r} h_i(\theta(k))E_i$$

$$C(k) = \sum_{i=1}^{r} h_i(\theta(k))C_{pi}; \quad D(k) = \sum_{i=1}^{r} h_i(\theta(k))D_{pi}; \quad F(k) = \sum_{i=1}^{r} h_i(\theta(k))F_i$$

$$L(k) = \sum_{i=1}^{r} h_i(\theta(k))L_i; \quad K_{pq}(k) = \sum_{i=1}^{r} h_i(\theta(k))K_{pqi}; \quad H_{pq}(k) = \sum_{i=1}^{r} h_i(\theta(k))H_{pqi}$$

定义变量 $e_p(k) = x(k) - \hat{x}_p(k)$ 和 $\tilde{r}_p(k) = \hat{r}_p(k) - f(k)$，可获得如下故障检测滤波误差动态系统，即

$$\begin{cases} e_p(k+1) = \Big[A(k) + \Delta A(k) - \sum_{q \in \mathcal{N}_p}(\alpha_q(k) - \bar{\alpha}_q)w_{pq}K_{pq}(k)C_q(k) - \sum_{q \in \mathcal{N}_p} w_{pq}H_{pq}(k) \Big] \\ \qquad \times x(k) + \big(A_\tau(k) + \Delta A_\tau(k) \big) x(k - \tau(k)) \\ \qquad + \Big(\sum_{q \in \mathcal{N}_p} w_{pq}H_{pq}(k) - \sum_{q \in \mathcal{N}_p} \bar{\alpha}_q w_{pq}K_{pq}(k)C_q(k) \Big) e_q(k) \\ \qquad + \Big(B(k) - \sum_{q \in \mathcal{N}_p} w_{pq}K_{pq}(k)D_q(k) \Big)\omega(k) + F(k)f(k) \\ \tilde{r}_p(k) = L(k)x(k) - L(k)e_p(k) - f(k) \end{cases} \tag{5.8}$$

定义如下符号变量，即

$$\bar{A}(k) = \mathrm{diag}_n\{A(k)\}; \quad \Delta\bar{A}(k) = \mathrm{diag}_n\{\Delta A(k)\}; \quad \bar{A}_\tau(k) = \mathrm{diag}_n\{A_\tau(k)\}$$

$$\Delta \bar{A}_\tau(k) = \text{diag}_n\{\Delta A_\tau(k)\}; \quad \bar{B}(k) = \text{col}_n\{B(k)\}; \quad \bar{D}(k) = \text{col}_n\{D_p(k)\}$$

$$\bar{F}(k) = \text{col}_n\{F(k)\}; \quad \bar{L}(k) = \text{diag}_n\{L(k)\}; \quad \bar{C}_\alpha(k) = \text{diag}_n\{\bar{\alpha}_p C_p(k)\}$$

$$\bar{C}_n^p(k) = \text{diag}_n^p\{C_p(k)\}; \quad \bar{M}(k) = \text{diag}_n\{M(k)\}; \quad \bar{N}(k) = \text{diag}_n\{N(k)\}$$

$$\bar{N}_\tau(k) = \text{diag}_n\{N_\tau(k)\}; \quad \bar{x}(k) = \text{col}_n\{x(k)\}; \quad e(k) = \text{col}_n\{e_p(k)\}$$

$$\tilde{r}(k) = \text{col}_n\{r_p(k)\}; \quad \eta(k) = \text{col}\{\bar{x}(k), e(k)\}$$

其中，$\text{diag}_n\{A_p\}$ 为块对角矩阵 $\text{diag}\{A_1, A_2, \cdots, A_n\}$；$\text{diag}_n\{A\}$ 为 n 块对角阵 $\text{diag}\{A, A, \cdots, A\}$；$\text{diag}_n^p\{A\}$ 为 n 块对角阵，第 p 块为 A，其他块全为 0。

基于离散 T–S 模糊时滞系统 (5.4) 和误差动态系统 (5.8)，可获得如下故障检测滤波增广系统，即

$$(\mathcal{S}): \begin{cases} \eta(k+1) = \Big[\mathcal{A}(k) + \Delta\mathcal{A}(k) + \sum_{q=1}^n (\alpha_q(k) - \bar{\alpha}_q)\mathcal{C}_q(k)\Big]\eta(k) \\ \qquad\qquad + (\mathcal{A}_\tau(k) + \Delta\mathcal{A}_\tau(k))\eta(k - \tau(k)) + \mathcal{B}(k)v(k) \\ \tilde{r}(k) = \mathcal{L}(k)\eta(k) + \mathcal{I}_0 v(k) \end{cases} \tag{5.9}$$

其中

$$\mathcal{A}(k) = \begin{bmatrix} \bar{A}(k) & 0 \\ \bar{A}(k) - \bar{H}(k) & \bar{H}(k) - \bar{K}(k)\bar{C}_\alpha(k) \end{bmatrix}; \quad \Delta\mathcal{A}(k) = \begin{bmatrix} \Delta\bar{A}(k) & 0 \\ \Delta\bar{A}(k) & 0 \end{bmatrix}$$

$$\mathcal{A}_\tau(k) = \begin{bmatrix} \bar{A}_\tau(k) & 0 \\ \bar{A}_\tau(k) & 0 \end{bmatrix}; \quad \Delta\mathcal{A}_\tau(k) = \begin{bmatrix} \Delta\bar{A}_\tau(k) & 0 \\ \Delta\bar{A}_\tau(k) & 0 \end{bmatrix}$$

$$\mathcal{B}(k) = \begin{bmatrix} \bar{B}(k) & \bar{F}(k) \\ \bar{B}(k) - \bar{K}(k)\bar{D}(k) & \bar{F}(k) \end{bmatrix}; \quad \mathcal{C}_q(k) = \begin{bmatrix} 0 & 0 \\ -\bar{K}(k)\bar{C}_n^q(k) & 0 \end{bmatrix}$$

$$\mathcal{L}(k) = \begin{bmatrix} \bar{L}(k), & -\bar{L}(k) \end{bmatrix}; \quad \mathcal{I}_0 = \begin{bmatrix} 0, & -\mathbf{1}_n \end{bmatrix}; \quad v(k) = \begin{bmatrix} \omega^{\mathrm{T}}(k), & f^{\mathrm{T}}(k) \end{bmatrix}^{\mathrm{T}}$$

$$\bar{K}(k) = [\bar{K}_{pq}(k)]_{n \times n}, \quad \bar{K}_{pq}(k) = \begin{cases} w_{pq} K_{pq}(k), & p = 1, 2, \cdots, n; \ q \in \mathcal{N}_p \\ 0, & p = 1, 2, \cdots, n; \ q \notin \mathcal{N}_p \end{cases}$$

$$\bar{H}(k) = [\bar{H}_{pq}(k)]_{n \times n}, \quad \bar{H}_{pq}(k) = \begin{cases} w_{pq} H_{pq}(k), & p = 1, 2, \cdots, n; \ q \in \mathcal{N}_p \\ 0, & p = 1, 2, \cdots, n; \ q \notin \mathcal{N}_p \end{cases}$$

$$\tag{5.10}$$

本章的主要任务是对每个传感器节点 p 设计式 (5.6) 结构的 DFDF，即设计分布式滤波器参数 K_{pqi}、H_{pqi} 和 L_i，满足如下定义。

定义 5.1(分布式 H_∞ 一致性故障检测)

① 均方渐近稳定。当 $v(k) = 0$ 时，故障检测滤波系统 (5.9) 在零初始条件下是均方渐近稳定的。

② H_∞ 平均一致性性能。对于所有非零的 $v(k) \in l_2[0, \infty)$ 和预设的 γ，在零初始条件下满足 H_∞ 平均一致性性能指标，即

$$\frac{1}{n} E\left\{ \sum_{k=0}^{+\infty} \| \tilde{r}(k) \|^2 \right\} < \gamma^2 E\left\{ \sum_{k=0}^{+\infty} \| v(k) \|^2 \right\} \tag{5.11}$$

定义 $\hat{v}(k) = \sqrt{n}\gamma v(k)$，则 H_∞ 平均一致性性能指标 (5.11) 等价于下式，即

$$E\left\{ \sum_{k=0}^{+\infty} \| \tilde{r}(k) \|^2 \right\} < E\left\{ \sum_{k=0}^{+\infty} \| \hat{v}(k) \|^2 \right\} \tag{5.12}$$

下面设计残差评价函数估计产生的残差信号，一个更广泛的方法是选择阈值和残差评价函数。针对每个传感器节点，本章设计如下分布式结构的阈值和残差评价函数，即

$$J_L^p(r_p) = E\{\| r_p(k) \|_{2,L}\} = E\left\{ \left(\sum_{k=l_0}^{l_0+L} r_p^{\mathrm{T}}(k) r_p(k) \right)^{1/2} \right\} \tag{5.13}$$

$$J_{\mathrm{th}}^p = \sup_{\omega \in l_2, f=0} E\{\| r_p(k) \|_{2,L}\}, \quad p = 1, 2, \cdots, n \tag{5.14}$$

其中，l_0 为初始时间值；L 为估计的时间窗长度。

给定分布式残差评价函数和阈值后，选择如下残差决策标准，即

$$\begin{cases} J_L^p(r_p) > J_{\mathrm{th}}^p \Rightarrow 检测出故障 \Rightarrow 报警 \\ J_L^p(r_p) \leqslant J_{\mathrm{th}}^p \Rightarrow 无故障 \end{cases} \tag{5.15}$$

可以看出，J_{th}^p 的计算取决于未知输入 $\omega(k)$。此外，根据设计的分布式故障检测决策标准式 (5.15) 可知，只要其中任意一个报警，即代表故障的发生。上述决策标准可保证故障被尽早检测到。

注意 $\tau(k)$、$\Delta\mathcal{A}(k)$ 和 $\Delta\mathcal{A}_\tau(k)$ 为故障检测滤波系统 (5.9) 中的所有不确定性。接下来，利用第 2 章介绍的输入–输出 (模型变换) 方法将故障检测动态系统 (5.9) 的不确定性提取出来，转化为互联子系统的形式。$\mathcal{S}_1$ 为线性时不变系统，$\mathcal{T}$ 包含所有不确定性。为了提取不确定性 $\tau(k)$，将 $\eta(k - \tau(k))$ 改写为

$$\eta(k - \tau(k)) = \frac{1}{2}\left(\eta(k - \tau_1) + \eta(k - \tau_2) \right) + \frac{\tau_{12}}{2} \delta_d(k) \tag{5.16}$$

其中，$(1/2)(\eta(k-\tau_1)+\eta(k-\tau_2))$ 为 $\eta(k-\tau(k))$ 的近似；$(\tau_{12}/2)\delta_d(k)$ 为模型近似误差，$\tau_{12} \stackrel{\text{def}}{=\!=} \tau_2 - \tau_1$。

根据式 (5.16)，可以将增广动态系统 $\eta(k+1)$ 表示为

$$
\begin{aligned}
\eta(k+1) = & \left[\mathcal{A}(k) + \Delta\mathcal{A}(k) + \sum_{q=1}^{n}(\alpha_q(k) - \bar{\alpha}_q)\mathcal{C}_q(k) \right]\eta(k) \\
& + \frac{1}{2}(\mathcal{A}_\tau(k) + \Delta\mathcal{A}_\tau(k))(\eta(k-\tau_1) + \eta(k-\tau_2)) \\
& + \frac{\tau_{12}}{2}(\mathcal{A}_\tau(k) + \Delta\mathcal{A}_\tau(k))\delta_d(k) + (\sqrt{n}\gamma)^{-1}\mathcal{B}(k)\hat{v}(k)
\end{aligned} \tag{5.17}
$$

定义 $\sigma_d(k) \stackrel{\text{def}}{=\!=} \eta(k+1) - \eta(k)$，容易获得下式，即

$$
\begin{aligned}
\delta_d(k) = & \frac{2}{\tau_{12}}\left[\eta(k-\tau(k)) - \frac{1}{2}(\eta(k-\tau_1) + \eta(k-\tau_2)) \right] \\
= & \frac{1}{\tau_{12}}\left(\sum_{i=k-\tau_2}^{k-\tau(k)-1}\sigma_d(i) - \sum_{i=k-\tau(k)}^{k-\tau_1-1}\sigma_d(i) \right) \\
= & \frac{1}{\tau_{12}}\left(\sum_{i=k-\tau_2}^{k-\tau_1-1}\varphi(i)\sigma_d(i) \right)
\end{aligned} \tag{5.18}
$$

其中

$$
\varphi(i) \stackrel{\text{def}}{=\!=} \begin{cases} 1, & i \leqslant k-\tau(k)-1 \\ -1, & i > k-\tau(k)-1 \end{cases}
$$

考虑从 $\sigma_d(k)$ 到 $\delta_d(k)$ 的算子 $\mathcal{T}_d$，即

$$
\mathcal{T}_d : \sigma_d(k) \to \delta_d(k) = \frac{1}{\tau_{12}}\left(\sum_{i=k-\tau_2}^{k-\tau_1-1}\varphi(i)\sigma_d(i) \right) \tag{5.19}
$$

由引理 5.1可证明，算子 $\mathcal{T}_d$ 的 l_2 诱导范数 $\parallel \mathcal{T}_d \parallel_\infty \leqslant 1$。

引理 5.1 算子 $\mathcal{T}_d : \sigma_d(k) \to \delta_d(k)$ 满足 $\parallel \mathcal{T}_d \parallel_\infty \leqslant 1$。

证明 引理 5.1可由引理 2.3 相似的证明方法获得，在此省略。

引入

$$
\sigma_\Sigma(k) = \mathcal{N}(k)\eta(k) + \frac{1}{2}\mathcal{N}_\tau(k)(\eta(k-\tau_1) + \eta(k-\tau_2)) + \frac{\tau_{12}}{2}\mathcal{N}_\tau(k)\delta_d(k)
$$

$$
\delta_\Sigma(k) = \Sigma(k)\sigma_\Sigma(k) \tag{5.20}
$$

其中，$\mathcal{N}(k) = \begin{bmatrix} \bar{N}(k), & 0 \end{bmatrix}$；$\mathcal{N}_\tau(k) = \begin{bmatrix} \bar{N}_\tau(k), & 0 \end{bmatrix}$。

提取不确定项 $\Delta\mathcal{A}(k)$ 和 $\Delta\mathcal{A}_\tau(k)$, 式 (5.17) 可简化为

$$
\eta(k+1) = \Big[\mathcal{A}(k) + \sum_{q=1}^{n}\big(\alpha_q(k) - \bar{\alpha}_q\big)\mathcal{C}_q(k)\Big]\eta(k) + \frac{1}{2}\mathcal{A}_\tau(k)\big(\eta(k-\tau_1) + \eta(k-\tau_2)\big)
$$
$$
+ \frac{\tau_{12}}{2}\mathcal{A}_\tau(k)\delta_d(k) + \mathcal{M}(k)\delta_\Sigma(k) + (\sqrt{n}\gamma)^{-1}\mathcal{B}(k)\hat{v}(k) \tag{5.21}
$$

其中, $\mathcal{M}(k) = \Big[\ \bar{M}^{\mathrm{T}}(k),\ \ \bar{M}^{\mathrm{T}}(k)\ \Big]^{\mathrm{T}}$。

利用输入–输出方法可将式 (5.21) 表示为

$$
\mathcal{S}_1:\ \begin{bmatrix} \eta(k+1) \\ \sigma_d(k) \\ \sigma_\Sigma(k) \\ \tilde{r}(k) \end{bmatrix} = \underbrace{\begin{bmatrix} \Phi_1 & \frac{\tau_{12}}{2}\mathcal{A}_\tau(k) & \mathcal{M}(k) & (\sqrt{n}\gamma)^{-1}\mathcal{B}(k) \\ \Phi_2 & \frac{\tau_{12}}{2}\mathcal{A}_\tau(k) & \mathcal{M}(k) & (\sqrt{n}\gamma)^{-1}\mathcal{B}(k) \\ \Phi_3 & \frac{\tau_{12}}{2}\mathcal{N}_\tau(k) & 0 & 0 \\ \Phi_4 & 0 & 0 & (\sqrt{n}\gamma)^{-1}\mathcal{I}_0 \end{bmatrix}}_{\mathcal{G}} \underbrace{\begin{bmatrix} \bar{\eta}(k) \\ \delta_d(k) \\ \delta_\Sigma(k) \\ \hat{v}(k) \end{bmatrix}}_{\zeta(k)}
$$
$$
\mathcal{S}_2:\ \begin{bmatrix} \delta_d(k) \\ \delta_\Sigma(k) \end{bmatrix} = \underbrace{\begin{bmatrix} \mathcal{T}_d & 0 \\ 0 & \Sigma(k) \end{bmatrix}}_{\mathcal{T}} \begin{bmatrix} \sigma_d(k) \\ \sigma_\Sigma(k) \end{bmatrix} \tag{5.22}
$$

其中

$$
\Phi_1 = \Big[\ \mathcal{A}(k) + \sum_{q=1}^{n}\big(\alpha_q(k) - \bar{\alpha}_q\big)\mathcal{C}_q(k) \quad \frac{1}{2}\mathcal{A}_\tau(k) \quad \frac{1}{2}\mathcal{A}_\tau(k)\ \Big]
$$
$$
\Phi_2 = \Big[\ \mathcal{A}(k) + \sum_{q=1}^{n}\big(\alpha_q(k) - \bar{\alpha}_q\big)\mathcal{C}_q(k) - I \quad \frac{1}{2}\mathcal{A}_\tau(k) \quad \frac{1}{2}\mathcal{A}_\tau(k)\ \Big]
$$
$$
\Phi_3 = \Big[\ \mathcal{N}(k) \quad \frac{1}{2}\mathcal{N}_\tau(k) \quad \frac{1}{2}\mathcal{N}_\tau(k)\ \Big]
$$
$$
\Phi_4 = \Big[\ \mathcal{L}(k) \quad 0 \quad 0\ \Big]
$$
$$
\bar{\eta}(k) = \Big[\ \eta^{\mathrm{T}}(k) \quad \eta^{\mathrm{T}}(k-\tau_1) \quad \eta^{\mathrm{T}}(k-\tau_2)\ \Big]^{\mathrm{T}}
$$

注释 5.3　本章利用二项近似方法提取不确定性来估计时变时滞 $\tau(k)$, 设计的分布式 H_∞ 一致性 FDF, 可保证互联子系统 (5.22) 均方渐近稳定且能及时有效地检测故障。上述二项近似方法已在文献 [9], [16], [17] 和 [38] 中用来处理时变时滞, 且已证明该方法比文献的方法具有更小的 l_2 诱导范数不确定上界。

引理 5.2　假设 $\mathcal{S}_1$ 对式 (5.22) 是内稳定的, 若存在矩阵 $X = \text{diag}\{\bar{X}_1, \bar{X}_2, I\} > 0$ 满足下式, 即

$$\|X \circ \mathcal{G} \circ X^{-1}\|_\infty < 1 \tag{5.23}$$

则闭环互联系统输入–输出均方稳定, 并且保证 H_∞ 性能指标 γ。

注释 5.4　对互连系统 (5.22), 引理 5.2中的充分条件可转化为假设 $\mathcal{S}_1$, 对式 (5.22) 是内稳定的, 若存在矩阵 $X_1 = \bar{X}_1^{\text{T}} \bar{X}_1$ 和 $X_2 = \bar{X}_2^{\text{T}} \bar{X}_2$ 满足下式, 即

$$J \overset{\text{def}}{=} \sum_{k=0}^{\infty} \Big(\sigma_d^{\text{T}}(k)X_1\sigma_d(k) - \delta_d^{\text{T}}(k)X_1\delta_d(k) + \sigma_\Sigma^{\text{T}}(k)X_2\sigma_\Sigma(k) - \delta_\Sigma^{\text{T}}(k)X_2\delta_\Sigma(k)$$

$$+ \tilde{r}^{\text{T}}(k)\tilde{r}(k) - \hat{v}^{\text{T}}(k)\hat{v}(k) \Big) < 0 \tag{5.24}$$

则闭环互联系统输入–输出均方稳定, 并且保证 H_∞ 性能指标 γ。

5.3　主 要 结 论

本节利用输入–输出方法, 设计式 (5.6) 所示结构的分布式 H_∞ 一致性 FDF, 使误差动态系统 (5.22) 是随机稳定的且具有满意的性能指标 γ。

5.3.1　H_∞ 性能分析

首先给出如下分析结果, 作为后续 DFDF 设计问题的基础。

定理 5.1　故障检测动态系统 (5.22) 是输入–输出均方稳定的, 且保证 H_∞ 性能 γ。如果存在矩阵 $P > 0$、$Q_1 > 0$、$Q_2 > 0$、$R_1 > 0$、$R_2 > 0$、$X_1 > 0$ 和 $X_2 > 0$ 满足如下矩阵不等式, 即

$$\Gamma = \begin{bmatrix} \Gamma_{11} & * & * & * \\ \Gamma_{21} & \Gamma_{22} & * & * \\ \Gamma_{31} & 0 & \Gamma_{33} & * \\ \Gamma_{41} & 0 & 0 & \Gamma_{44} \end{bmatrix} < 0 \tag{5.25}$$

其中

$$\Gamma_{11} = \begin{bmatrix} -P+Q_1+Q_2-R_1-R_2 & \begin{bmatrix} R_1 & R_2 & 0 & 0 & 0 \end{bmatrix} \\ * & -\text{diag}\{Q_1+R_1, Q_2+R_2, X_1, X_2, n\gamma^2 I\} \end{bmatrix}$$
$$\Gamma_{22} = \text{diag}\{-P^{-1}, -R_1^{-1}, -R_2^{-1}, -X_1^{-1}\}$$

$$\Gamma_{21}=\begin{bmatrix} \mathcal{A}(k) & \frac{1}{2}\mathcal{A}_\tau(k) & \frac{1}{2}\mathcal{A}_\tau(k) & \frac{\tau_{12}}{2}\mathcal{A}_\tau(k) & \mathcal{M}(k) & \mathcal{B}(k) \\ \tau_1(\mathcal{A}(k)-I) & \frac{\tau_1}{2}\mathcal{A}_\tau(k) & \frac{\tau_1}{2}\mathcal{A}_\tau(k) & \frac{\tau_1\times\tau_{12}}{2}\mathcal{A}_\tau(k) & \tau_1\mathcal{M}(k) & \tau_1\mathcal{B}(k) \\ \tau_2(\mathcal{A}(k)-I) & \frac{\tau_2}{2}\mathcal{A}_\tau(k) & \frac{\tau_2}{2}\mathcal{A}_\tau(k) & \frac{\tau_2\times\tau_{12}}{2}\mathcal{A}_\tau(k) & \tau_2\mathcal{M}(k) & \tau_2\mathcal{B}(k) \\ \mathcal{A}(k)-I & \frac{1}{2}\mathcal{A}_\tau(k) & \frac{1}{2}\mathcal{A}_\tau(k) & \frac{\tau_{12}}{2}\mathcal{A}_\tau(k) & \mathcal{M}(k) & \mathcal{B}(k) \end{bmatrix}$$

$$\Gamma_{33}=\mathrm{diag}\{-X_2^{-1},-I\}$$

$$\Gamma_{31}=\begin{bmatrix} \mathcal{N}(k) & \frac{1}{2}\mathcal{N}_\tau(k) & \frac{1}{2}\mathcal{N}_\tau(k) & \frac{\tau_{12}}{2}\mathcal{N}_\tau(k) & 0 & 0 \\ \mathcal{L}(k) & 0 & 0 & 0 & 0 & \mathcal{I}_0 \end{bmatrix}$$

$$\Gamma_{44}=\mathrm{diag}\{\underbrace{\Gamma_{22},\cdots,\Gamma_{22}}_{n}\}$$

$$\Gamma_{41}=\begin{bmatrix} \overline{\sigma_1\mathcal{C}_1(k)} & 0 & 0 & 0 & 0 & 0 \\ \vdots & \vdots & \vdots & \vdots & \vdots & \vdots \\ \overline{\sigma_n\mathcal{C}_n(k)} & 0 & 0 & 0 & 0 & 0 \end{bmatrix}$$

$$\overline{\sigma_q\mathcal{C}_q(k)}=\left[(\sigma_q\mathcal{C}_q(k))^{\mathrm{T}}\ (\tau_1\sigma_q\mathcal{C}_q(k))^{\mathrm{T}}\ (\tau_2\sigma_q\mathcal{C}_q(k))^{\mathrm{T}}\ (\sigma_q\mathcal{C}_q(k))^{\mathrm{T}}\right]^{\mathrm{T}},\quad q=1,2,\cdots,n$$

证明　构建如下新的 LKF 泛函，即

$$V(k)=\sum_{i=1}^{3}V_i(k) \tag{5.26}$$

$$V_1(k)=\eta^{\mathrm{T}}(k)P\eta(k)$$

$$V_2(k)=\sum_{i=k-\tau_1}^{k-1}\eta^{\mathrm{T}}(i)Q_1\eta(i)+\sum_{i=k-\tau_2}^{k-1}\eta^{\mathrm{T}}(i)Q_2\eta(i)$$

$$V_3(k)=\sum_{i=-\tau_1}^{-1}\sum_{j=k+i}^{k-1}\tau_1\sigma_d^{\mathrm{T}}(j)R_1\sigma_d(j)+\sum_{i=-\tau_2}^{-1}\sum_{j=k+i}^{k-1}\tau_2\sigma_d^{\mathrm{T}}(j)R_2\sigma_d(j)$$

沿系统 (5.22) 轨线，对 $V(k)$ 求差分，可以得到下式，即

$$E\{\Delta V_1(k)\}=\eta^{\mathrm{T}}(k+1)P\eta(k+1)-\eta^{\mathrm{T}}(k)P\eta(k)$$
$$=\Big[\mathcal{A}(k)\eta(k)+\frac{1}{2}\mathcal{A}_\tau(k)\eta(k-\tau_1)+\frac{1}{2}\mathcal{A}_\tau(k)\eta(k-\tau_2)+\frac{\tau_{12}}{2}\mathcal{A}_\tau(k)\delta_d(k)$$
$$+\mathcal{M}(k)\delta_\Sigma(k)+(\sqrt{n}\gamma)^{-1}\mathcal{B}(k)\hat{v}(k)\Big]^{\mathrm{T}}P\Big[\mathcal{A}(k)\eta(k)+\frac{1}{2}\mathcal{A}_\tau(k)\eta(k-\tau_1)$$

$$+\frac{1}{2}\mathcal{A}_\tau(k)\eta(k-\tau_2)+\frac{\tau_{12}}{2}\mathcal{A}_\tau(k)\delta_d(k)$$

$$+\mathcal{M}(k)\delta_\Sigma(k)+(\sqrt{n}\gamma)^{-1}\mathcal{B}(k)\hat{v}(k)\Big]$$

$$-\eta^{\mathrm{T}}(k)P\eta(k)+\sum_{q=1}^{n}\sigma_q^2\eta^{\mathrm{T}}(k)\mathcal{C}_q^{\mathrm{T}}(k)P\mathcal{C}_q(k)\eta(k) \qquad (5.27)$$

$$E\{\Delta V_2(k)\}=\eta^{\mathrm{T}}(k)(Q_1+Q_2)\eta(k)-\eta^{\mathrm{T}}(k-\tau_1)Q_1\eta(k-\tau_1)$$
$$-\eta^{\mathrm{T}}(k-\tau_2)Q_2\eta(k-\tau_2) \qquad (5.28)$$

$$E\{\Delta V_3(k)\}=\sigma_d^{\mathrm{T}}(k)(\tau_1^2 R_1+\tau_2^2 R_2)\sigma_d(k)-\sum_{j=k-\tau_1}^{k-1}\tau_1\sigma_d^{\mathrm{T}}(j)R_1\sigma_d(j)$$

$$-\sum_{j=k-\tau_2}^{k-1}\tau_2\sigma_d^{\mathrm{T}}(j)R_2\sigma_d(j) \qquad (5.29)$$

根据 Jensen 不等式，有如下不等式成立，即

$$-\sum_{j=k-\tau_1}^{k-1}\tau_1\sigma_d^{\mathrm{T}}(j)R_1\sigma_d(j)\leqslant-\left(\sum_{j=k-\tau_1}^{k-1}\sigma_d(j)\right)^{\mathrm{T}}R_1\left(\sum_{j=k-\tau_1}^{k-1}\sigma_d(j)\right) \qquad (5.30)$$

$$-\sum_{j=k-\tau_2}^{k-1}\tau_2\sigma_d^{\mathrm{T}}(j)R_2\sigma_d(j)\leqslant-\left(\sum_{j=k-\tau_2}^{k-1}\sigma_d(j)\right)^{\mathrm{T}}R_2\left(\sum_{j=k-\tau_2}^{k-1}\sigma_d(j)\right) \qquad (5.31)$$

在零初始条件下，考虑如下性能指标，即

$$J_N=E\left\{\sum_{k=0}^{N}\left(\sigma_d^{\mathrm{T}}(k)X_1\sigma_d(k)-\delta_d^{\mathrm{T}}(k)X_1\delta_d(k)+\sigma_\Sigma^{\mathrm{T}}(k)X_2\sigma_\Sigma(k)-\delta_\Sigma^{\mathrm{T}}(k)X_2\delta_\Sigma(k)\right.\right.$$
$$\left.\left.+\tilde{r}^{\mathrm{T}}(k)\tilde{r}(k)-\hat{v}^{\mathrm{T}}(k)\hat{v}(k)\right)\right\}$$

$$=E\left\{\sum_{k=0}^{N}\left(\sigma_d^{\mathrm{T}}(k)X_1\sigma_d(k)-\delta_d^{\mathrm{T}}(k)X_1\delta_d(k)+\sigma_\Sigma^{\mathrm{T}}(k)X_2\sigma_\Sigma(k)-\delta_\Sigma^{\mathrm{T}}(k)X_2\delta_\Sigma(k)\right.\right.$$
$$\left.\left.+\tilde{r}^{\mathrm{T}}(k)\tilde{r}(k)-\hat{v}^{\mathrm{T}}(k)\hat{v}(k)+V(k+1)-V(k)\right)\right\}-V(N+1)$$

$$\leqslant E\left\{\sum_{k=0}^{N}\left(\sigma_d^{\mathrm{T}}(k)X_1\sigma_d(k)-\delta_d^{\mathrm{T}}(k)X_1\delta_d(k)+\sigma_\Sigma^{\mathrm{T}}(k)X_2\sigma_\Sigma(k)-\delta_\Sigma^{\mathrm{T}}(k)X_2\delta_\Sigma(k)\right.\right.$$
$$\left.\left.+\tilde{r}^{\mathrm{T}}(k)\tilde{r}(k)-\hat{v}^{\mathrm{T}}(k)\hat{v}(k)+\Delta V(k)\right)\right\}$$

$$\leqslant E\left\{\sum_{k=0}^{N}\zeta^{\mathrm{T}}(k)\Psi\zeta(k)\right\} \tag{5.32}$$

其中

$$\Psi=\bar{\Gamma}_{11}+\Psi_1^{\mathrm{T}}P\Psi_1+\Psi_2^{\mathrm{T}}\Theta\Psi_2+\Psi_3^{\mathrm{T}}\left[\sum_{q=1}^{n}\sigma_q^2\mathcal{C}_q^{\mathrm{T}}(k)(P+\Theta)\mathcal{C}_q(k)\right]\Psi_3+\Psi_4^{\mathrm{T}}X_2\Psi_4+\Psi_5^{\mathrm{T}}\Psi_5$$

$$\Psi_1=\left[\begin{array}{cccccc}\mathcal{A}(k) & \dfrac{1}{2}\mathcal{A}_\tau(k) & \dfrac{1}{2}\mathcal{A}_\tau(k) & \dfrac{\tau_{12}}{2}\mathcal{A}_\tau(k) & \mathcal{M}(k) & (\sqrt{n}\gamma)^{-1}\mathcal{B}(k)\end{array}\right]$$

$$\Psi_2=\left[\begin{array}{cccccc}\mathcal{A}(k)-I & \dfrac{1}{2}\mathcal{A}_\tau(k) & \dfrac{1}{2}\mathcal{A}_\tau(k) & \dfrac{\tau_{12}}{2}\mathcal{A}_\tau(k) & \mathcal{M}(k) & (\sqrt{n}\gamma)^{-1}\mathcal{B}(k)\end{array}\right]$$

$$\Psi_3=\left[\begin{array}{cccccc}I & 0 & 0 & 0 & 0 & 0\end{array}\right]$$

$$\Psi_4=\left[\begin{array}{cccccc}\mathcal{N}(k) & \dfrac{1}{2}\mathcal{N}_\tau(k) & \dfrac{1}{2}\mathcal{N}_\tau(k) & \dfrac{\tau_{12}}{2}\mathcal{N}_\tau(k) & 0 & 0\end{array}\right]$$

$$\Psi_5=\left[\begin{array}{cccccc}\mathcal{L}(k) & 0 & 0 & 0 & 0 & (\sqrt{n}\gamma)^{-1}\mathcal{I}_0\end{array}\right]$$

$$\Theta=\tau_1^2R_1+\tau_2^2R_2+X_1$$

式中，$\bar{\Gamma}_{11}$ 表示 Γ_{11} 中的 $-n\gamma^2I$ 项替换为 $-\gamma^2I$，其他变量保持不变。

根据 Schur 补引理，若式 (5.25) 成立，可得式 (5.32) 小于 0 成立。此外，假设定理 5.1 满足，可以推导出下式，即

$$\sigma_d^{\mathrm{T}}(k)X_1\sigma_d(k)+\sigma_\Sigma^{\mathrm{T}}(k)X_2\sigma_\Sigma(k)+\tilde{r}^{\mathrm{T}}(k)\tilde{r}(k)$$
$$<\delta_d^{\mathrm{T}}(k)X_1\delta_d(k)+\delta_\Sigma^{\mathrm{T}}(k)X_2\delta_\Sigma(k)+n\gamma^2v^{\mathrm{T}}(k)v(k)$$

根据式 (5.3) 和引理 5.1 可得 $\|\tilde{r}(k)\|_{E_2}^2<n\gamma^2\|v(k)\|_{E_2}^2$。

证毕.

5.3.2   分布式 H_∞ 一致性故障检测滤波器设计

本节在 5.3.1 节 H_∞ 性能分析的基础上，给出分布式 H_∞ 一致性 FDF 待求参数的表达式。

定理 5.2   故障检测动态系统 (5.22) 是输入–输出均方稳定的，且满足 H_∞ 性能 γ。若存在矩阵 $\mathcal{P}>0$、$\mathcal{R}_1>0$、$\mathcal{R}_2>0$、$\mathcal{X}_1>0$、$\mathcal{X}_2>0$、$P>0$、$Q_1>0$、$Q_2>0$、$R_1>0$、$R_2>0$、$X_1>0$、$X_2>0$ 和实矩阵 $\bar{H}_i$、$\bar{K}_i$、$\bar{L}_i$ 满足如下矩阵

不等式，即

$$\Xi_{ij} = \begin{bmatrix} \Gamma_{11} & * & * & * \\ \Xi_{21} & \Xi_{22} & * & * \\ \Xi_{31} & 0 & \Xi_{33} & * \\ \Xi_{41} & 0 & 0 & \Xi_{44} \end{bmatrix} < 0, \quad i,j = 1,2,\cdots,r \quad (5.33)$$

$$\mathcal{P}P = I, \quad \mathcal{R}_1 R_1 = I, \quad \mathcal{R}_2 R_2 = I, \quad \mathcal{X}_1 X_1 = I, \quad \mathcal{X}_2 X_2 = I \quad (5.34)$$

其中

$$\Xi_{22} = \mathrm{diag}\{-\mathcal{P}, -\mathcal{R}_1, -\mathcal{R}_2, -\mathcal{X}_1\}$$
$$\Xi_{33} = \mathrm{diag}\{-\mathcal{X}_2, -I\}$$
$$\Xi_{44} = \mathrm{diag}\{\underbrace{\Xi_{22}, \cdots, \Xi_{22}}_{n}\}$$

$$\Xi_{21} = \begin{bmatrix} \mathcal{A}_{ij} & \dfrac{1}{2}\mathcal{A}_{\tau i} & \dfrac{1}{2}\mathcal{A}_{\tau i} & \dfrac{\tau_{12}}{2}\mathcal{A}_{\tau i} & \mathcal{M}_i & \mathcal{B}_{ij} \\ \tau_1(\mathcal{A}_{ij} - I) & \dfrac{\tau_1}{2}\mathcal{A}_{\tau i} & \dfrac{\tau_1}{2}\mathcal{A}_{\tau i} & \dfrac{\tau_1 \times \tau_{12}}{2}\mathcal{A}_{\tau i} & \tau_1\mathcal{M}_i & \tau_1\mathcal{B}_{ij} \\ \tau_2(\mathcal{A}_{ij} - I) & \dfrac{\tau_2}{2}\mathcal{A}_{\tau i} & \dfrac{\tau_2}{2}\mathcal{A}_{\tau i} & \dfrac{\tau_2 \times \tau_{12}}{2}\mathcal{A}_{\tau i} & \tau_2\mathcal{M}_i & \tau_2\mathcal{B}_{ij} \\ \mathcal{A}_{ij} - I & \dfrac{1}{2}\mathcal{A}_{\tau i} & \dfrac{1}{2}\mathcal{A}_{\tau i} & \dfrac{\tau_{12}}{2}\mathcal{A}_{\tau i} & \mathcal{M}_i & \mathcal{B}_{ij} \end{bmatrix}$$

$$\Xi_{31} = \begin{bmatrix} \mathcal{N}_i & \dfrac{1}{2}\mathcal{N}_{\tau i} & \dfrac{1}{2}\mathcal{N}_{\tau i} & \dfrac{\tau_{12}}{2}\mathcal{N}_{\tau i} & 0 & 0 \\ \mathcal{L}_i & 0 & 0 & 0 & 0 & \mathcal{I}_0 \end{bmatrix}$$

$$\Xi_{41} = \begin{bmatrix} \overline{\sigma_1\mathcal{C}_{1ij}} & 0 & 0 & 0 & 0 & 0 \\ \vdots & \vdots & \vdots & \vdots & \vdots & \vdots \\ \overline{\sigma_n\mathcal{C}_{nij}} & 0 & 0 & 0 & 0 & 0 \end{bmatrix}$$

$$\mathcal{A}_{ij} = \begin{bmatrix} \bar{A}_i & 0 \\ \bar{A}_i - \bar{H}_i & \bar{H}_i - \bar{K}_i\bar{C}_{\alpha j} \end{bmatrix}; \quad \mathcal{A}_{\tau i} = \begin{bmatrix} \bar{A}_{\tau i} & 0 \\ \bar{A}_{\tau i} & 0 \end{bmatrix}; \quad \mathcal{B}_{ij} = \begin{bmatrix} \bar{B}_i & \bar{F}_i \\ \bar{B}_i - \bar{K}_i\bar{D}_j & \bar{F}_i \end{bmatrix}$$

$$\mathcal{M}_i = \begin{bmatrix} \bar{M}_i \\ \bar{M}_i \end{bmatrix}; \quad \mathcal{N}_i = \begin{bmatrix} \bar{N}_i & 0 \end{bmatrix}; \quad \mathcal{N}_{\tau i} = \begin{bmatrix} \bar{N}_{\tau i} & 0 \end{bmatrix}; \quad \mathcal{L}_i = \begin{bmatrix} \bar{L}_i & -\bar{L}_i \end{bmatrix}$$

$$\mathcal{C}_{qij} = \begin{bmatrix} 0 & 0 \\ -\bar{K}_i\bar{C}_{nj}^q & 0 \end{bmatrix};$$

$$\overline{\sigma_q\mathcal{C}_{qij}} = \begin{bmatrix} (\sigma_q\mathcal{C}_{qij})^{\mathrm{T}}, & (\tau_1\sigma_q\mathcal{C}_{qij})^{\mathrm{T}}, & (\tau_2\sigma_q\mathcal{C}_{qij})^{\mathrm{T}}, & (\sigma_q\mathcal{C}_{qij})^{\mathrm{T}} \end{bmatrix}^{\mathrm{T}}, \quad q = 1,2,\cdots,n$$

5.3.3　迭代算法

注释 5.5　由于定理 5.2 中的稳定性条件不是严格的 LMI，因此不能直接通过 LMI 工具箱解决。下面利用锥补线性化算法[39] 解决上述非凸的矩阵不等式。

分布式 H_∞ 一致性模糊故障检测迭代算法为

$$\text{Min } \text{trace} \left(\mathcal{P}P + \mathcal{R}_1 R_1 + \mathcal{R}_2 R_2 + \mathcal{X}_1 X_1 + \mathcal{X}_2 X_2 \right) \tag{5.35}$$

$$\text{s.t. 式(5.33),} \quad \begin{bmatrix} \mathcal{P} & I \\ I & P \end{bmatrix} \geqslant 0, \quad \begin{bmatrix} \mathcal{R}_1 & I \\ I & R_1 \end{bmatrix} \geqslant 0$$

$$\begin{bmatrix} \mathcal{R}_2 & I \\ I & R_2 \end{bmatrix} \geqslant 0, \quad \begin{bmatrix} \mathcal{X}_1 & I \\ I & X_1 \end{bmatrix} \geqslant 0, \quad \begin{bmatrix} \mathcal{X}_2 & I \\ I & X_2 \end{bmatrix} \geqslant 0$$

尽管式 (5.35) 给出一个次优解来解决非线性矩阵不等式问题 (5.34)，但相比原来非凸最小化问题，这更容易解决。

注释 5.6　众所周知，有损传感器网络下分布式 H_∞ 一致性 FFDF 设计的难点在于传感器网络节点在时间和空间上的紧密耦合。滤波器参数 H_{pq} 和 K_{pq} $(p = 1, 2, \cdots, n, q \in \mathcal{N}_p)$ 被组合成满足限制条件 (5.10) 的矩阵 $\bar{H}$ 和 $\bar{K}$，因此分布式 H_∞ 一致性 FFDF 增益可以有效求解。

5.4　仿　真　研　究

本节给出 Henon 映射系统验证所提分布式 H_∞ 一致性 FFDF 的有效性。

例 5.1　考虑一类带有时变时滞的 Henon 映射系统[9]，即

$$\begin{cases} x_1(k+1) = -[\mathcal{C}x_1(k) + (1-\mathcal{C})x_1(k-\tau(k))]^2 + 0.3x_2(k) + \omega(k) \\ x_2(k+1) = \mathcal{C}x_1(k) + (1-\mathcal{C})x_1(k-\tau(k)) \end{cases} \tag{5.36}$$

其中, $\mathcal{C} \in [0,1]$ 为滞后系数；具有两个节点 $(n=2)$ 的传感器网络拓扑结构可表示成节点集合 $\mathcal{V} = \{1, 2\}$；有向图 $\mathcal{G} = (\mathcal{V}, \mathcal{E}, \mathcal{W})$ 的边集为 $\mathcal{E} = \{(1,1), (2,1), (2,2)\}$；邻接矩阵 $\mathcal{W} = [w_{pq}]_{2 \times 2}$；当 $(p,q) \in \mathcal{E}$ 时邻接矩阵元素 $w_{pq} = 1$，否则 $w_{pq} = 0$；根据边集定义邻接矩阵满足 $\mathcal{W} = \begin{bmatrix} 1 & 0 \\ 1 & 1 \end{bmatrix}$；对于每个节点 p $(p=1,2)$，第 p 个传感器节点输出描述为 $y_p(k) = \alpha_p(k)C_p x(k) + D_p\omega(k)$。

令 $\theta(k) = \mathcal{C}x_1(k) + (1-\mathcal{C})x_1(k-\tau(k))$, $\theta(k) \in [-\mathcal{F}, \mathcal{F}]$, $\mathcal{F} > 0$。利用文献 [9] 相关方法，第 p 个传感器节点的非线性系统 (5.36) 和测量输出 $y_p(k)$ 可以表示为如下 T–S 模糊系统模型。

被控对象规则 1: IF $\theta(k)$ 是 $-\mathcal{F}$, THEN

$$x(k+1) = A_1 x(k) + A_{\tau 1} x(k - \tau(k)) + B_1 \omega(k)$$
$$y_p(k) = \alpha_p(k) C_{p1} x(k) + D_{p1} \omega(k)$$

被控对象规则 2: IF $\theta(k)$ 是 $\mathcal{F}$, THEN

$$x(k+1) = A_2 x(k) + A_{\tau 2} x(k - \tau(k)) + B_2 \omega(k)$$
$$y_p(k) = \alpha_p(k) C_{p2} x(k) + D_{p2} \omega(k)$$

其中, $A_1 = \begin{bmatrix} \mathcal{C}\mathcal{F} & 0.3 \\ \mathcal{C} & 0 \end{bmatrix}$; $A_{\tau 1} = \begin{bmatrix} (1-\mathcal{C})\mathcal{F} & 0 \\ 1-\mathcal{C} & 0 \end{bmatrix}$; $B_1 = \begin{bmatrix} 1 \\ 0 \end{bmatrix}$; $A_2 = \begin{bmatrix} -\mathcal{C}\mathcal{F} & 0.3 \\ \mathcal{C} & 0 \end{bmatrix}$; $A_{\tau 2} = \begin{bmatrix} -(1-\mathcal{C})\mathcal{F} & 0 \\ 1-\mathcal{C} & 0 \end{bmatrix}$; $B_2 = \begin{bmatrix} 1 \\ 0 \end{bmatrix}$; $C_{11} = \begin{bmatrix} 0.02, & 0.04 \end{bmatrix}$; $C_{12} = \begin{bmatrix} 0.01, & 0.02 \end{bmatrix}$; $C_{21} = \begin{bmatrix} 0.01, & 0.01 \end{bmatrix}$; $C_{22} = \begin{bmatrix} 0.02, & 0.01 \end{bmatrix}$; $D_{11} = 0.13$; $D_{12} = 0.01$; $D_{21} = 0.04$; $D_{22} = 0.02$。

不确定性及故障矩阵参数为 $F_1 = \begin{bmatrix} -1.8 \\ 0 \end{bmatrix}$; $F_2 = \begin{bmatrix} 0 \\ 0.6 \end{bmatrix}$; $M_1 = \begin{bmatrix} 0.1 \\ 0 \end{bmatrix}$; $M_2 = \begin{bmatrix} 0 \\ 0.5 \end{bmatrix}$; $N_1 = \begin{bmatrix} 0.2, & 0 \end{bmatrix}$; $N_2 = \begin{bmatrix} -0.4, & 0.1 \end{bmatrix}$; $N_{\tau 1} = \begin{bmatrix} 0.1, & 0.1 \end{bmatrix}$; $N_{\tau 2} = \begin{bmatrix} 0.1, & 0 \end{bmatrix}$。

假设 $\mathcal{C} = 0.8$, $\mathcal{F} = 0.2$, 时变时滞 $1 \leqslant \tau(k) \leqslant 3$, 丢包概率满足 $\bar{\alpha}_1 = 0.96$ 和 $\bar{\alpha}_2 = 0.98$, 分布式扰动抑制水平 $\gamma = 4.2$。通过求解定理 5.2, 得到的分布式 H_∞ 一致性 FFDF 参数为

$$K_{111} = \begin{bmatrix} 0 \\ -0.1013 \end{bmatrix}; \quad H_{111} = \begin{bmatrix} 0.1583 & -0.6687 \\ -0.1990 & 0.8192 \end{bmatrix}$$

$$K_{211} = \begin{bmatrix} 0 \\ 0.1734 \end{bmatrix}; \quad H_{211} = \begin{bmatrix} -0.1219 & -0.0187 \\ 0.1816 & 0.1385 \end{bmatrix}$$

$$K_{221} = \begin{bmatrix} -0.0569 \\ -0.1016 \end{bmatrix}; \quad H_{221} = \begin{bmatrix} 0.0031 & -0.0334 \\ 0.0443 & -0.1899 \end{bmatrix}$$

$$K_{112} = \begin{bmatrix} -0.0696 \\ 0.1872 \end{bmatrix}; \quad H_{112} = \begin{bmatrix} 0.4537 & 0.1251 \\ 0.3203 & 1.0573 \end{bmatrix}$$

$$K_{212} = \begin{bmatrix} 0.1322 \\ -0.1050 \end{bmatrix}; \quad H_{212} = \begin{bmatrix} 0.6008 & -0.1895 \\ 0.1155 & -0.1899 \end{bmatrix}$$

$$K_{222} = \begin{bmatrix} 0.4726 \\ 0.0040 \end{bmatrix}; \quad H_{222} = \begin{bmatrix} 0.1574 & 0.0438 \\ 0 & 0.0688 \end{bmatrix}$$

$$L_1 = \begin{bmatrix} 0.0099, & -0.0016 \end{bmatrix}; \quad L_2 = \begin{bmatrix} 0.0062, & -0.0499 \end{bmatrix}$$

为了验证分布式 H_∞ 一致性 FDF 的可行性，假设外部扰动 $\omega(k)$ 和故障信号 $f(k)$ 为

$$\omega(k) = \begin{cases} \dfrac{2\sin(0.85k)}{(0.25k)^2 + 1}, & k = 0, 1, \cdots, 100 \\ 0, & \text{其他} \end{cases}$$

$$f(k) = \begin{cases} 0.5, & k = 10, 11, \cdots, 30 \\ 0, & \text{其他} \end{cases}$$

记 $e_p(k)$ 为第 p 个 DFDF 的估计状态与实际状态的误差，$e_p^j(k)$ 为第 j 维状态误差。2 个传感器节点的系统估计误差 $e_p(k)$ 如图 5.2所示。仿真结果显示，故障检测动态系统 (5.22) 是均方渐近稳定的。

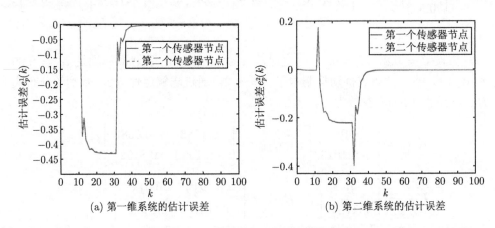

图 5.2   2 个传感器节点的系统估计误差

2 个传感器节点的残差信号 $\hat{r}_p(k)$ 和残差评价函数 $J_L^p(r)$ 分别如图 5.3和图 5.4所示。可以看出，设计的分布式 H_∞ 一致性 FDF 可以及时有效的检测故障。

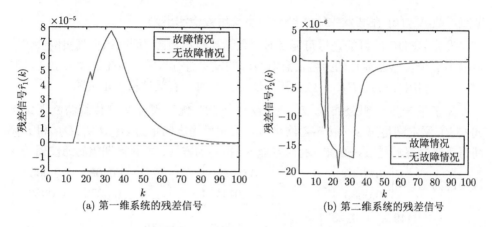

(a) 第一维系统的残差信号   (b) 第二维系统的残差信号

图 5.3   2 个传感器节点的残差信号

由图 5.4(a) 可知,当 $l_0 = 0$ 和 $L = 100$ 时,阈值为 $J_{\text{th}}^1 = \sup\limits_{\omega \in l_2, f=0} E\left\{ \sum\limits_{k=0}^{100} \hat{r}_1^{\text{T}}(k) \cdot$

$\hat{r}_1(k) \right\}^{1/2} = 6.1798 \times 10^{-6}$。仿真结果显示,$J_L^1(r_1) = E\left\{ \sum\limits_{k=0}^{16} \hat{r}_1^{\text{T}}(k) \hat{r}_1(k) \right\}^{1/2} =$

1.1696×10^{-5}。这意味着,针对第 1 个传感器节点,故障 $f(k)$ 在其发生 6 个时间步长后被检测出来。同理,由图 5.4(b) 可知,当 $l_0 = 0$ 和 $L = 100$ 时,阈值

计算为 $J_{\text{th}}^2 = \sup\limits_{\omega \in l_2, f=0} E\left\{ \sum\limits_{k=0}^{100} \hat{r}_2^{\text{T}}(k) \hat{r}_2(k) \right\}^{1/2} = 3.8628 \times 10^{-6}$。仿真结果显示,

(a) 第一维系统的残差评价函数   (b) 第二维系统的残差评价函数

图 5.4   2 个传感器节点的残差评价函数

$J_L^2(r_2) = E\left\{ \sum\limits_{k=0}^{14} \hat{r}_2^{\text{T}}(k) \hat{r}_2(k) \right\}^{1/2} = 8.1938 \times 10^{-6}$。这意味着,针对第 2 个传感器

节点，故障 $f(k)$ 在其发生的 4 个时间步长后被检测出来。

设计 DFDF 的目的是尽可能及时有效地检测出故障，因此该仿真实例会优先根据第 2 个传感器节点的报警信息对故障的发生进行报警，即在故障发生 4 个时间步后，利用分布式 H_∞ 一致性滤波器可以及时、有效地检测出故障。

为了进一步证明分布式 H_∞ 一致性 FDF 优于现存文献传统滤波器结构式 (5.7)，假定满足第 2 个传感器网络节点的测量输出向量为 C_{21}、C_{22}、D_{21} 和 D_{22}，同时丢包概率满足 $\bar{\alpha}_2 = 0.98$。利用定理 5.2 相同的方法，可获得期望的滤波器的参数矩阵为 $K_1 = \begin{bmatrix} 0.0118 \\ 0.0089 \end{bmatrix}$; $K_2 = \begin{bmatrix} 0.0005 \\ -0.0117 \end{bmatrix}$; $H_1 = \begin{bmatrix} 0.0403 & -0.0052 \\ -0.0075 & 0.0066 \end{bmatrix}$;

$H_2 = \begin{bmatrix} 0.0449 & -0.0123 \\ 0 & 0.0018 \end{bmatrix}$; $L_1 = \begin{bmatrix} 0.0022, & -0.0008 \end{bmatrix}$; $L_2 = \begin{bmatrix} 0.0035, \\ -0.0081 \end{bmatrix}$。

根据滤波器结构式 (5.7) 获得的参数矩阵，系统估计误差 $e(k)$ 和残差信号 $r(k)$ 如图 5.5 所示。仿真结果显示，故障检测动态系统是均方渐近稳定的。传统滤波器结构式 (5.7) 下残差评价函数如图 5.6 所示。由图 5.6 可知，当 $l_0 = 0$ 和 $L = 100$ 时，阈值为 $J_{\text{th}} = \sup\limits_{\omega \in l_2, f=0} E\left\{ \sum\limits_{k=0}^{100} r^{\text{T}}(k) r(k) \right\}^{1/2} = 0.7074 \times 10^{-6}$。仿真

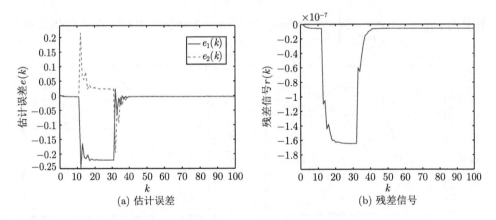

(a) 估计误差   (b) 残差信号

图 5.5   传统滤波器结构的估计误差和残差信号

结果显示，$J_L(r) = E\left\{ \sum\limits_{k=0}^{16} r^{\text{T}}(k) r(k) \right\}^{1/2} = 0.0003$，即故障 $f(k)$ 在其发生 6 个时间步长后才被检测出来。由此可知，传统 FDF 结构式 (5.7) 相比 2 个传感器节点的 DFDF 有效检测故障的时间要长。

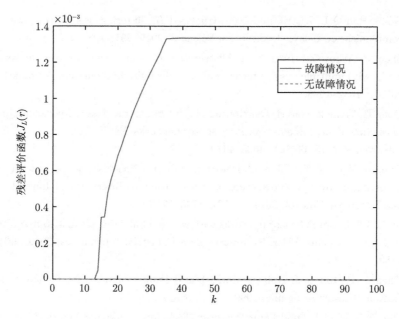

图 5.6　传统滤波器结构的残差评价函数

5.5　本章小结

　　本章研究了有损传感器网络下，一类带有时变时滞的不确定 T–S 模糊系统故障检测问题。利用新的模型变换方法将离散 T–S 模糊系统转化为互连子系统形式，并设计分布式 H_∞ 一致性 FDF 保证故障检测动态系统为均方渐近稳定且具有满意的 H_∞ 平均一致性性能。仿真结果验证了本章提出的 DFDF 的有效性和优越性。

参 考 文 献

[1]　Olfati-Saber R. Distributed Kalman filtering for sensor networks//Proceeding of the 46th IEEE Conference on Decision and Control, New Orleans, 2007: 5492–5498.

[2]　Shen B, Wang Z, Liu X. A stochastic sampled-data approach to distributed H_∞ filtering in sensor networks. IEEE Transactions on Circuits and Systems, 2011, 58(9): 2237–2246.

[3]　Zhang D, Cai W, Xie L, et al. Nonfragile distributed filtering for T-S fuzzy systems in sensor networks. IEEE Transactions on Fuzzy Systems, 2015, 23(5): 1883–1890.

[4]　Zhang D, Yu L, Zhang W. Energy efficient distributed filtering for a class of nonlinear systems in sensor networks. IEEE Sensors Journal, 2015, 15(5): 3026–3036.

[5] Ge X, Han Q L. Distributed event-triggered H_∞ filtering over sensor networks with communication delays. Information Sciences, 2015, 291: 128–142.

[6] Shen B, Wang Z, Hung Y S. Distributed H_∞-consensus filtering in sensor networks with multiple missing measurements: the finite-horizon case. Automatica, 2010, 46(10): 1682–1688.

[7] Dong H, Wang Z, Gao H. Distributed H_∞ filtering for a class of Markovian jump nonlinear time-delay systems over lossy sensor networks. IEEE Transactions on Industrial Electronics, 2013, 60(10): 4665–4672.

[8] Dong H, Wang Z, Lam J, et al. Distributed filtering in sensor networks with randomly occurring saturations and successive packet dropouts. International Journal of Robust and Nonlinear Control, 2014, 24(12): 1743–1759.

[9] Su X, Wu L, Shi P. Sensor networks with random link failures: distributed filtering for T-S fuzzy systems. IEEE Transactions on Industrial Informatics, 2013, 9(3): 1739–1750.

[10] Chen J, Patton R J. Robust Model-Based Fault Diagnosis for Dynamics Systems. Boston: Kluwer Academic, 1999.

[11] Ding S X. Model-Based Fault Diagnosis Techniques-Design Schemes, Algorithms and Tools. Berlin: Springer, 2008.

[12] Zhong M Y, Ding S X, Lam J, et al. An LMI approach to design robust fault detection filter for uncertain LTI systems. Automatica, 2003, 39(3): 543–550.

[13] Zhao Y, Lam J, Gao H J. Fault detection for fuzzy systems with intermittent measurements. IEEE Transactions on Fuzzy Systems, 2009, 17(2): 398–410.

[14] Wang Y, Zhang S, Lu J, et al. Fault detection for networked systems with partly known distribution transmission delays. Asian Journal of Control, 2015, 17(1): 362–366.

[15] Huang D, Duan Z, Hao Y. An iterative approach to H_-/H_∞ fault detection observer design for discrete-time uncertain systems. Asian Journal of Control, 2017, 19(1): 188–201.

[16] Wang S, Feng J, Jiang Y. Input-output method to fault detection for discretetime fuzzy networked systems with time-varying delay and multiple packet losses. International Journal of Systems Science, 2016, 47(7): 1495–1513.

[17] Wang S, Jiang Y, Li Y, et al. Fault detection and control co-design for discrete-time delayed fuzzy networked control systems subject to quantization and multiple packet dropouts. Fuzzy Sets and Systems, 2017, 306: 1–25.

[18] Li H, Gao Y, Wu L, et al. Fault detection for T-S fuzzy time-delay systems: delta operator and input-output methods. IEEE Ttransactions on Cybernetics, 2015, 45(2): 229–241.

[19] Li H, Chen Z, Wu L, et al. Event-triggered fault detection of nonlinear networked systems. IEEE Ttransactions on Cybernetics, 2017, 47(4): 1041–1052.

[20] Jiang Y, Liu J, Wang S. A consensus-based multi-agent approach for estimation in robust fault detection. ISA Transactions, 2014, 53(5): 1562–1568.

[21] Wang S, Jiang Y, Li Y. Distributed H_∞ consensus fault detection for uncertain T-S fuzzy systems with time-varying delays over lossy sensor networks. Asian Journal of Control, 2018, 20(6): 2171–2184.

[22] Davoodi M, Meskin N, Khorasani K. Simultaneous fault detection and consensus control design for a network of multi-agent systems. Automatica, 2016, 66: 185–194.

[23] Davoodi M, Khorasani K, Talebi H, et al. Distributed fault detection and isolation filter design for a network of heterogeneous multiagent systems. IEEE Transactions on Control Systems Technology, 2014, 22(3): 1061–1069.

[24] Zhang K, Jiang B, Cocquempot V. Adaptive technique-based distributed fault estimation observer design for multi-agent systems with directed graphs. IET Control Theory and Applications, 2015, 9(18): 2619–2625.

[25] Zhang K, Jiang B, Shi P. Adjustable parameter-based distributed fault estimation observer design for multiagent systems with directed graphs. IEEE Transactions on Cybernetics, 2017, 47(2): 306–314.

[26] Millán P, Orihuela L, Vivas C, et al. Distributed consensus-based estimation considering network induced delays and dropouts. Automatica, 2012, 48(10): 2726–2729.

[27] Wu Z, Shi P, Su H, et al. Reliable H_∞ control for discrete-time fuzzy systems with infinite-distributed delay. IEEE Transactions on Fuzzy Systems, 2012, 20(1): 22–31.

[28] Dong S, Wu Z, Shi P, et al. Reliable control of fuzzy systems with quantization and switched actuator failures. IEEE Transactions on Systems, Man, and Cybernetics: Systems, 2017, 47(8): 2198–2208.

[29] Wu Z, Shi P, Su H, et al. Sampled-data fuzzy control of chaotic systems based on T-S fuzzy model. IEEE Transactions on Fuzzy Systems, 2014, 22(1): 153–163.

[30] Wu Z, Shi P, Su H, et al. Dissipativity-based sampled-data fuzzy control design and its application to truck-trailer system. IEEE Transactions on Fuzzy Systems, 2015, 23(5): 1669–1679.

[31] Dong S, Su H, Shi P, et al. Filtering for discrete-time switched fuzzy systems with quantization. IEEE Transactions on Fuzzy Systems, 2017, 25(6): 1616–1628.

[32] Xie X, Liu Z, Zhu X. An efficient approach for reducing the conservatism of LMI-based stability conditions for continuous-time T-S fuzzy systems. Fuzzy Sets Systems, 2015, 263(1): 71–81.

[33] Xie X, Yue D, Zhang H, et al. Control synthesis of discrete-time T-S fuzzy systems via a multi-instant homogenous polynomial approach. IEEE Transactions on Cybernetics, 2016, 43(3): 630–640.

[34] Xie X, Yue D, Zhang H, et al. Fault estimation observer design for discrete-time Takagi-Sugeno fuzzy systems based on homogenous polynomially parameter-dependent Lyapunov functions. IEEE Transactions on Cybernetics, 2017, 47(9): 2504–2513.

[35] Xie X, Yue D, Hu S. Fault estimation observer design of discrete-time nonlinear systems via a joint real-time scheduling law. IEEE Transactions on Systems, Man, and Cybernetics: Systems, 2017, 47(7): 1451–1463.

[36] Li J, Li L. Reliable control for bilateral teleoperation systems with actuator faults using fuzzy disturbance observer. IET Control Theory and Applications, 2017, 11(3): 446–455.

[37] Su X, Shi P, Wu L, et al. A novel control design on discrete-time Takagi-Sugeno fuzzy systems with time-varying delays. IEEE Transactions on Fuzzy Systems, 2013, 21(4): 655–671.

[38] Li X W, Gao H J. A new model transformation of discrete-time systems with time-varying delay and its application to stability analysis. IEEE Transactions on Automatic Control, 2011, 56(9): 2172–2178.

[39] Ghaoui L E, Oustry F, AitRami M. A cone complementarity linearization algorithm for static output-feedback and related problems. IEEE Transactions on Automatic Control, 1997, 42(8): 1171–1176.

第 6 章 有损传感器网络下离散时滞系统的分布式滤波与故障检测

6.1 引　言

传感器网络是目前备受关注的热点研究领域，广泛应用于国防军事、航空航天、医疗救护和交通管理等领域，并取得显著的发展，受到越来越多的关注[1-6]。一个典型的传感器网络由大量的传感器节点和一些控制节点组成，每个传感器都能执行简单的传感、计算和无线通信任务。分布式滤波和故障检测作为传感器网络领域的重要研究方向，值得进一步深入研究相关理论和方法。本章在前期工作的基础之上，进一步研究有损传感器网络下离散系统的分布式滤波与故障检测问题。本章的主要工作分成两个部分，第一部分针对随机切换拓扑结构下的有损传感器网络，研究基于事件触发的离散时滞系统的分布式 H_∞ 一致性滤波问题；第二部分将传感器网络的一致性估计策略应用于鲁棒故障检测中，利用一致性思想实现传感器网络的分布式估计，同时设计 DRFDF，解决基于传感器网络的分布式鲁棒故障检测的问题。

6.2 有损传感器网络下基于事件触发的离散时滞系统分布式滤波

传感器网络综合了多种现代化信息处理技术，是一种新型的分布式信息获取和检索系统，由于其在工业自动化、环境监测、信息收集和无线网络等领域的广泛应用[1-8]，取得了众多有价值的成果。文献 [2] 和 [4] 对带有测量丢失的 T–S 模糊系统和时变线性系统研究分布式 H_∞ 一致性滤波问题。对比单一传感器的传统滤波方式[9]，分布式滤波中每个传感器网络节点接收其自身测量信息，同时根据网络拓扑结构也会接收相邻传感器节点的测量值。因此，分布式滤波问题的关键在于如何有效地协调传感器节点及其相邻传感器之间的耦合信息。对上述关键问题，文献 [4] 已经给出相关重要的结论。

随着网络规模的不断扩大和网络通信信道带宽的限制，分布式滤波问题不可避免地会遇到一些新挑战，例如网络中不容忽视的数据包丢失。对带有数据包丢失的网络化控制系统开展研究受到越来越多的关注，人们提出许多数据包丢失模型的建立方法[2,4-6]，如将数据包丢失现象建模成满足伯努利二值分布的随机变量。另外，时滞特性也会出现在许多现代化工业生产过程中，如通信、电子、液压和化工过程[2,10-12]。时滞的存在会使系统性能变差、产生振荡导致系统不稳定，因此针对带有时变时滞和数据包丢失的离散系统开展分布式滤波研究显得尤为重要。同时，数据包丢失现象在某种意义下也可定义为时滞特性。该处理手段会使分布式滤波和估计的研究更加便利[13,14]。目前，传感器网络环境下带有数据包丢失和时变时滞的分布式滤波问题还未被充分研究，值得学者进一步分析和设计。

众所周知，网络环境下信道带宽或容量往往是有限的，事件触发机制下的滤波和控制相比时间触发策略，不仅可以保证控制系统的性能，还可以减少通信负担，所以引起了学者的极大关注[15-26]。相比时间触发策略，事件触发机制的显著特征在于测量传输和控制任务只有在违背事件触发条件时才被执行，因此事件触发策略下的数据传输在节省通信资源方面有很大的好处。近年来，基于事件触发的滤波问题引起人们极大的关注[16,17,20-22,26]。基于事件触发的分布式滤波相比传统滤波方法处理起来更为复杂，主要体现在事件触发策略是完全分布式及传感器节点之间存在强耦合两个方面。本节在有损传感器网络下，研究基于事件触发的分布式滤波解决上述难点问题。

基于以上讨论，本节针对随机切换拓扑结构下的有损传感器网络，研究基于事件触发的离散时滞系统分布式 H_∞ 一致性滤波问题。对于每个传感器节点，事件触发机制决定输出测量是否发送。假设事件发生器与分布式滤波间的通信连接是有损传感器网络，且丢失概率满足伯努利白噪声序列。通过单个传感器及相邻传感器间的交互信息来估计系统的状态，给出确保滤波动态系统随机稳定且具有满意分布式 H_∞ 平均一致性性能的稳定性充分条件，可行的分布式滤波器增益以 LMI 形式给出。

6.2.1　问题描述

1. 被控对象

考虑一类带有时变时滞的离散时间系统，即

$$
\begin{aligned}
x(k+1) &= Ax(k) + A_\tau x(k - \tau(k)) + Bw(k) \\
z(k) &= Mx(k) + Nw(k)
\end{aligned}
\tag{6.1}
$$

其中，$x(k) \in \mathbf{R}^{n_x}$ 为系统的状态向量且不能被直接观测；$w(k) \in \mathbf{R}^{n_w}$ 为扰动输入且满足 $l_2[0, \infty)$；$z(k) \in \mathbf{R}^{n_z}$ 为待估计的系统输出；A、A_τ、B、M、N 为恰当维数的常值矩阵；正整数 $\tau(k)$ 为时变时滞且满足 $\tau_1 \leqslant \tau(k) \leqslant \tau_2$，其中 τ_1 和 τ_2 分别为 $\tau(k)$ 的已知下界和上界。

对于每个传感器节点 $i(i = 1, 2, \cdots, n)$，第 i 个传感器节点的测量输出为

$$y_i(k) = C_i x(k) + D_i w(k) \tag{6.2}$$

其中，$y_i(k) \in \mathbf{R}^{n_v}$ 为第 i 个传感器节点的测量输出；C_i 和 D_i 为已知的常值矩阵。

2. 事件发生器

事件发生器的主要作用为决定当前的采样数据是否传送，第 i 个传感器的事件触发时刻假设为 $k_0^i, k_1^i, k_2^i, \cdots$，其中 $k_0^i = 0$ 为初始时刻。

定义

$$\hat{y}_i(k) = y_i(k_j^i), \quad k \in [k_j^i, k_{j+1}^i] \tag{6.3}$$

事件触发时刻由如下事件触发条件决定，即

$$\delta_i^{\mathrm{T}}(k)\delta_i(k) \leqslant \varrho_i y_i^{\mathrm{T}}(k) y_i(k) \tag{6.4}$$

其中，$\varrho_i > 0$ 为阈值参数；$\delta_i(k)$ 为传感器 i 当前值与上一时刻传输的差值，即

$$\delta_i(k) = \hat{y}_i(k) - y_i(k) \tag{6.5}$$

若传感器数据满足事件触发条件 (6.4)，数据不会发送；反之，数据将会发送。

注释 6.1　事件触发机制数据传送取决于事件发生器，且事件触发条件往往以能量的形式给出。只有违背事件触发条件 (6.4)，测量输出才能传送给滤波器。相比传统的时间触发机制，其优点在能够大幅提高通信资源利用的效率。此外，当阈值参数 $\varrho_i = 0$ 时，事件触发机制可以退化为传统的时间触发机制。

3. 数据包丢失

带有数据包丢失的事件触发分布式 H_∞ 滤波结构如图 6.1所示。从图 6.1可以看到，由于被控对象和分布式 H_∞ 滤波器间存在通信媒介，不可避免地会存在数据包丢失现象，即经过事件发生器的输出与分布式 H_∞ 滤波器的输入不再等价（$\hat{y}_i(k) \neq \tilde{y}_i(k)$）。数据包丢失现象可描述为如下形式，即

$$\tilde{y}_i(k) = \alpha_i(k)\hat{y}_i(k) + (1 - \alpha_i(k))\tilde{y}_i(k-1) \tag{6.6}$$

其中，$\alpha_i(k)$ 为伯努利白噪声序列，满足 $\mathrm{Prob}\{\alpha_i(k) = 1\} = \bar{\alpha}_i$ 和 $\mathrm{Prob}\{\alpha_i(k) = 0\} = 1 - \bar{\alpha}_i$，$\bar{\alpha}_i$ 为已知常数。

显然，对于白噪声序列 $\alpha_i(k)$，满足 $\sigma_i^2 \stackrel{\mathrm{def}}{=} E\{(\alpha_i(k) - \bar{\alpha}_i)^2\} = \bar{\alpha}_i(1 - \bar{\alpha}_i)$ 且随机序列 $\alpha_i(k)$ 对于所有的 $i(1 \leqslant i \leqslant n)$ 都是相互独立的。

4. 随机切换拓扑下的分布式滤波

设计分布式滤波器时, 为了充分利用单个传感器及相邻传感器间的交互信息, 对于每个传感器节点 i, 设计如下形式的分布式滤波器, 即

$$
\begin{cases}
\hat{x}_i(k+1) = \sum_{j \in \mathcal{N}_i} a_{ij}(r_k) K_{ij}(r_k) \hat{x}_j(k) + \sum_{j \in \mathcal{N}_i} a_{ij}(r_k) H_{ij}(r_k) \tilde{y}_j(k) \\
\hat{z}_i(k) = M \hat{x}_i(k) + N w(k)
\end{cases}
\tag{6.7}
$$

其中, $\hat{x}_i(k) \in \mathbf{R}^{n_x}$ 为传感器节点 i 的状态估计值; $\hat{z}_i(k) \in \mathbf{R}^{n_z}$ 为 $z(k)$ 的估计值; 矩阵 $K_{ij}(r_k)$ 和 $H_{ij}(r_k)$ 为节点 i 待设计的分布式滤波器参数; 滤波器参数由随机马氏链 r_k, $k > 0$ 决定, r_k 为有限集合 $\mathcal{L} = 1, 2, \cdots, l$ 上取值的齐次右连续马尔可夫过程; 假设传输概率满足 $\mathrm{Prob}\{r(k+1) = \nu | r(k) = \varpi\} = \pi_{\varpi\nu}$, 满足 $0 \leqslant \pi_{\varpi\nu} \leqslant 1$, $\varpi, \nu \in \mathcal{L}$ 和 $\sum_{\nu=1}^{l} \pi_{\varpi\nu} = 1$。

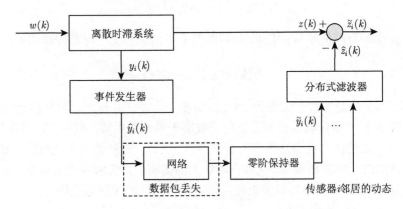

图 6.1　带有数据包丢失的事件触发分布式 H_∞ 滤波结构

注释 6.2　本章在随机离散齐次马氏链切换拓扑下提出新型分布式滤波器结构模型 (6.7), 其中 $r(k) = \varpi$ 表示第 ϖ 个拓扑模态, l 为总共的拓扑模态。当 $l = 1$, 即总模态为 1, 分布式滤波器结构 (6.7) 可以退化为文献 [3]～[6] 的滤波器结构模型。因此, 上述文献滤波器模型是本章设计的分布式滤波器结构的特例情况。此外, 若拓扑结构固定, 分布式滤波器结构 (6.7) 仍然能代表一类相对更一般的滤波器模型。该滤波器结构建立了传感器节点 i 及其相邻传感器节点之间的通信。假设传感器节点 i 及其相邻节点没有信息交互, 滤波器结构 (6.7) 可以退化为早期文献 [9] 采用的滤波器结构, 即

$$
\hat{x}_i(k+1) = K_{ii} \hat{x}_i(k) + H_{ii} \tilde{y}_i(k)
\tag{6.8}
$$

定义如下符号标识，即

$$\bar{A} = \mathrm{diag}_n\{A\}; \quad \bar{A}_\tau = \mathrm{diag}_n\{A_\tau\}; \quad \bar{B} = \mathrm{col}_n\{B\}; \quad \Lambda_\alpha = \mathrm{diag}_n\{\bar{\alpha}_i\}$$

$$\bar{C} = \mathrm{diag}_n\{C_i\}; \quad \bar{D} = \mathrm{col}_n\{D_i\}; \quad \bar{M} = \mathrm{diag}_n\{M\}; \quad \tilde{C}^i = \mathrm{diag}_n^i\{C_i\}$$

$$\tilde{D}^i = \mathrm{col}_n^i\{D_i\}; \quad \tilde{\mathcal{I}}^i = \mathrm{diag}_n^i\{I\}; \quad \bar{x}(k) = \mathrm{col}_n\{x(k)\}; \quad \hat{x}(k) = \mathrm{col}_n\{\hat{x}_i(k)\}$$

$$\bar{z}(k) = \mathrm{col}_n\{z(k)\}; \quad \hat{z}(k) = \mathrm{col}_n\{\hat{z}_i(k)\}; \quad \tilde{y}(k) = \mathrm{col}_n\{\tilde{y}_i(k)\}; \quad \delta(k) = \mathrm{col}_n\{\delta_i(k)\}$$

其中

$$\bar{K}(\varpi) = [\bar{K}_{ij}(\varpi)]_{n\times n}, \quad \bar{K}_{ij}(\varpi) = \begin{cases} a_{ij}(\varpi)K_{ij}(\varpi), & i = 1, 2, \cdots, n; \quad j \in \mathcal{N}_i \\ 0, & i = 1, 2, \cdots, n; \quad j \notin \mathcal{N}_i \end{cases}$$

$$(6.9)$$

$$\bar{H}(\varpi) = [\bar{H}_{ij}(\varpi)]_{n\times n}, \quad \bar{H}_{ij}(\varpi) = \begin{cases} a_{ij}(\varpi)H_{ij}(\varpi), & i = 1, 2, \cdots, n; \quad j \in \mathcal{N}_i \\ 0, & i = 1, 2, \cdots, n; \quad j \notin \mathcal{N}_i \end{cases}$$

$$(6.10)$$

令 $\xi(k) = \begin{bmatrix} \bar{x}^{\mathrm{T}}(k), & \hat{x}^{\mathrm{T}}(k), & \tilde{y}^{\mathrm{T}}(k-1) \end{bmatrix}^{\mathrm{T}}$, $\tilde{z}(k) = \bar{z}(k) - \hat{z}(k)$ 可到传感器网络下滤波动态系统，即

$$\begin{cases} \xi(k+1) = \left[\mathcal{A} + \sum_{i=1}^{n}(\alpha_i(k) - \bar{\alpha}_i)\mathcal{H}\tilde{\mathcal{C}}_I\right]\xi(k) + \mathcal{A}_\tau\xi(k - \tau(k)) \\ \qquad + \left[\mathcal{B} + \sum_{i=1}^{n}(\alpha_i(k) - \bar{\alpha}_i)\mathcal{H}\tilde{D}^i\right]w(k) + \left[\mathcal{H}\Lambda_\alpha + \sum_{i=1}^{n}(\alpha_i(k) - \bar{\alpha}_i)\mathcal{H}\tilde{\mathcal{I}}^i\right]\delta(k) \\ \tilde{z}(k) = \mathcal{M}\xi(k) \end{cases}$$

$$(6.11)$$

其中，$\mathcal{A} = \begin{bmatrix} \bar{A} & 0 & 0 \\ \bar{H}(\varpi)\Lambda_\alpha\bar{C} & \bar{K}(\varpi) & \bar{H}(\varpi)(I - \Lambda_\alpha) \\ \Lambda_\alpha\bar{C} & 0 & I - \Lambda_\alpha \end{bmatrix}$; $\mathcal{B} = \begin{bmatrix} \bar{B} \\ \bar{H}(\varpi)\Lambda_\alpha\bar{D} \\ \Lambda_\alpha\bar{D} \end{bmatrix}$;

$\mathcal{H} = \begin{bmatrix} 0 \\ \bar{H}(\varpi) \\ I \end{bmatrix}$; $\mathcal{A}_\tau = \mathrm{diag}\{\bar{A}_\tau, 0, 0\}$; $\tilde{\mathcal{C}}_I = \begin{bmatrix} \tilde{C}^i, & 0, & -\tilde{\mathcal{I}}^i \end{bmatrix}$; $\mathcal{M} = \begin{bmatrix} \bar{M}, \end{bmatrix}$

$-\bar{M}, \quad 0 \end{bmatrix}$。

本章对系统 (6.1) 在每个传感器节点 i 上设计式 (6.7) 所示的分布式滤波器，即设计滤波器参数 $K_{ij}(r(k))$ 和 $H_{ij}(r(k))$ 满足如下的定义条件。

定义 6.1 (分布式 H_∞ 一致性滤波)

① 随机稳定。当 $w(k) = 0$ 时，滤波增广系统 (6.11) 是随机稳定的。

② 分布式 H_∞ 平均性能。零初始条件下，对于给定的 H_∞ 扰动抑制水平 $\gamma > 0$ 和所有的非零 $w(k)$，式 (6.11) 中的滤波误差 $\tilde{z}(k)$ 满足如下条件，即

$$E\left\{ \sum_{k=0}^{+\infty} \parallel \tilde{z}(k) \parallel^2 \right\} < n\gamma^2 E\left\{ \sum_{k=0}^{+\infty} \|w(k)\|^2 \right\} \tag{6.12}$$

6.2.2　分布式 H_∞ 一致性滤波器设计

本节将设计结构 (6.7) 的分布式 H_∞ 滤波器，使滤波增广系统 (6.11) 是均方渐近稳定的且满足期望的 H_∞ 平均一致性指标 γ。

1. H_∞ 性能分析

首先给定如下分析结果，作为后续分布式 H_∞ 滤波器设计的基础。

定理 6.1　对于给定滤波器参数 $H_{ij}(\varpi)$，$K_{ij}(\varpi)$ $(\varpi \in \mathcal{L})$ 和扰动抑制水平 $\gamma > 0$，滤波增广系统 (6.11) 是均方渐近稳定的。若存在正整数 ϱ_i 和矩阵 $P_\varpi > 0$、$Q > 0$，对于任意 $\varpi \in \mathcal{L}$ 满足如下条件，即

$$\Xi + \Gamma < 0 \tag{6.13}$$

其中，$\Xi = \Xi_1^{\mathrm{T}} \bar{P}_\varpi \Xi_1 + \sum\limits_{i=1}^{n} \sigma_i^2 \Xi_2^{\mathrm{T}} \bar{P}_\varpi \Xi_2 + \Xi_3$；$\Gamma = \Gamma_1^{\mathrm{T}} (\Lambda_\varrho \otimes I_{n_y}) \Gamma_1 + \Gamma_2$；$\Xi_1 = \begin{bmatrix} \mathcal{A}, & \mathcal{A}_\tau, & \mathcal{H}\Lambda_\alpha, & \mathcal{B} \end{bmatrix}$；$\Xi_2 = \begin{bmatrix} \mathcal{H}\tilde{\mathcal{C}}_I, & 0, & \mathcal{H}\tilde{\mathcal{I}}^i, & \mathcal{H}\tilde{\mathcal{D}}^i \end{bmatrix}$；$\Xi_3 = \mathrm{diag}\{-P_\varpi + \chi Q + \mathcal{M}^{\mathrm{T}}\mathcal{M}, -Q, 0, -n\gamma^2 I\}$；$\chi = \tau_2 - \tau_1 + 1$；$\Gamma_1 = \begin{bmatrix} \bar{C}U, & 0, & 0, & \bar{D} \end{bmatrix}$；$\Gamma_2 = \mathrm{diag}\{0, 0, -I_{n \times n_y}, 0\}$；$\Lambda_\varrho = \mathrm{diag}_n\{\varrho_i\}$；$U = \begin{bmatrix} I, & 0, & 0 \end{bmatrix}$；$\bar{P}_\varpi = \sum\limits_{\nu=1}^{l} \pi_{\varpi\nu} P_\nu$。

证明　构建如下 L-K 泛函，即

$$V(k) = \sum_{i=1}^{3} V_i(k) \tag{6.14}$$

$$V_1(k) = \xi^{\mathrm{T}}(k) P(r(k)) \xi(k)$$

$$V_2(k) = \sum_{i=k-\tau(k)}^{k-1} \xi^{\mathrm{T}}(i) Q \xi(i)$$

$$V_3(k) = \sum_{j=k-\tau_2+1}^{k-\tau_1} \sum_{i=j}^{k-1} \xi^{\mathrm{T}}(i) Q \xi(i)$$

定义 $E\{\Delta V(k)\} = E\{V(x(k+1), r(k+1)|r(k) = \varpi) - V(x(k), \varpi)\}$，沿系统 (6.11) 轨迹，对于任意 $\varpi \in \mathcal{L}$ 可得下式，即

$$
\begin{aligned}
E\{\Delta V_1(k)\} = {} & \big(\mathcal{A}\xi(k) + \mathcal{A}_\tau \xi(k - \tau(k)) + \mathcal{H}\Lambda_\alpha \delta(k) + \mathcal{B}w(k)\big)^{\mathrm{T}} \bar{P}_\varpi \big(\mathcal{A}\xi(k) \\
& + \mathcal{A}_\tau \xi(k - \tau(k)) + \mathcal{H}\Lambda_\alpha \delta(k) + \mathcal{B}w(k)\big) \\
& + \sum_{i=1}^{n} \sigma_i^2 \xi^{\mathrm{T}}(k) \tilde{\mathcal{C}}_I^{\mathrm{T}} \mathcal{H}^{\mathrm{T}} \bar{P}_\varpi \mathcal{H}\tilde{\mathcal{C}}_I \xi(k) \\
& + \sum_{i=1}^{n} \sigma_i^2 w^{\mathrm{T}}(k) \tilde{D}^{i\mathrm{T}} \mathcal{H}^{\mathrm{T}} \bar{P}_\varpi \mathcal{H}\tilde{D}^i w(k) + \sum_{i=1}^{n} \sigma_i^2 \delta^{\mathrm{T}}(k) \tilde{\mathcal{I}}^{i\mathrm{T}} \mathcal{H}^{\mathrm{T}} \bar{P}_\varpi \mathcal{H}\tilde{\mathcal{I}}^i \delta(k) \\
& + 2\sum_{i=1}^{n} \sigma_i^2 \xi^{\mathrm{T}}(k) \tilde{\mathcal{C}}_I^{\mathrm{T}} \mathcal{H}^{\mathrm{T}} \bar{P}_\varpi \mathcal{H}\tilde{\mathcal{I}}^i \delta(k) + 2\sum_{i=1}^{n} \sigma_i^2 \xi^{\mathrm{T}}(k) \tilde{\mathcal{C}}_I^{\mathrm{T}} \mathcal{H}^{\mathrm{T}} \bar{P}_\varpi \mathcal{H}\tilde{D}^i w(k) \\
& + 2\sum_{i=1}^{n} \sigma_i^2 \delta^{\mathrm{T}}(k) \tilde{\mathcal{I}}^{i\mathrm{T}} \mathcal{H}^{\mathrm{T}} \bar{P}_\varpi \mathcal{H}\tilde{D}^i w(k) - \xi^{\mathrm{T}}(k) P_\varpi \xi(k) \qquad (6.15)
\end{aligned}
$$

$$
\begin{aligned}
E\{\Delta V_2(k)\} \leqslant {} & \xi^{\mathrm{T}}(k) Q \xi(k) - \xi^{\mathrm{T}}(k - \tau(k)) Q \xi(k - \tau(k)) \\
& + \sum_{j=k-\tau_2+1}^{k-\tau_1} \xi^{\mathrm{T}}(j) Q \xi(j) \qquad (6.16)
\end{aligned}
$$

$$
E\{\Delta V_3(k)\} = (\tau_2 - \tau_1) \xi^{\mathrm{T}}(k) Q \xi(k) - \sum_{j=k-\tau_2+1}^{k-\tau_1} \xi^{\mathrm{T}}(j) Q \xi(j) \qquad (6.17)
$$

令 $\eta(k) = \mathrm{col}\{\xi(k), \xi(k - \tau(k)), \delta(k), w(k)\}$，同时考虑性能指标 (6.12)，根据式 (6.15)~ 式 (6.17) 可得下式，即

$$
E\{\Delta V(k)\} \leqslant E\{\eta^{\mathrm{T}}(k) \Xi \eta(k)\} \qquad (6.18)
$$

事件触发条件 (6.4) 可等价为

$$
\delta_i^{\mathrm{T}}(k) \delta_i(k) \leqslant \varrho_i (C_i x(k) + D_i w(k))^{\mathrm{T}} (C_i x(k) + D_i w(k)) \qquad (6.19)
$$

根据式 (6.19) 容易得到下式，即

$$
\sum_{i=1}^{n} \delta_i^{\mathrm{T}}(k) \delta_i(k) \leqslant \sum_{i=1}^{n} \varrho_i (C_i x(k) + D_i w(k))^{\mathrm{T}} (C_i x(k) + D_i w(k)) \qquad (6.20)
$$

若式 (6.20) 成立，则满足如下不等式，即

$$
\eta^{\mathrm{T}}(k) \Gamma \eta(k) \geqslant 0 \qquad (6.21)
$$

此外，根据式 (6.18) 和式 (6.21) 可得如下不等式，即

$$E\{\Delta V(k)\} \leqslant E\{\eta^{\mathrm{T}}(k)(\varXi + \varGamma)\eta(k)\} \tag{6.22}$$

零初始条件下，考虑如下性能指标，即

$$
\begin{aligned}
J_N &= E\left\{\sum_{k=0}^{\infty}\left(\tilde{z}^{\mathrm{T}}(k)\tilde{z}(k) - n\gamma^2 w^{\mathrm{T}}(k)w(k)\right)\right\} \\
&= E\left\{\sum_{k=0}^{\infty}\left(\tilde{z}^{\mathrm{T}}(k)\tilde{z}(k) - n\gamma^2 w^{\mathrm{T}}(k)w(k) + V(k+1) - V(k)\right)\right\} - V(N+1) \\
&\leqslant E\left\{\sum_{k=0}^{\infty}\left(\tilde{z}^{\mathrm{T}}(k)\tilde{z}(k) - n\gamma^2 w^{\mathrm{T}}(k)w(k) + \Delta V(k)\right)\right\} \\
&\leqslant \sum_{k=0}^{\infty}\eta^{\mathrm{T}}(k)(\varXi + \varGamma)\eta(k) \tag{6.23}
\end{aligned}
$$

若定理 6.1 满足，则可获得 $\tilde{z}^{\mathrm{T}}(k)\tilde{z}(k) < n\gamma^2 w^{\mathrm{T}}(k)w(k)$ 成立。
证毕.

2. 分布式 H_∞ 一致性滤波器设计

定理 6.2　给定扰动抑制水平 $\gamma > 0$，滤波增广系统 (6.11) 是均方渐近稳定的且满足平均 H_∞ 性能限制条件 (6.12)。若存在 $P_\varpi > 0$、$Q > 0$，矩阵 X_ϖ、Y_ϖ 和正整数 ϱ_i 满足下面不等式，即

$$
\varTheta = \begin{bmatrix}
\varTheta_{11} & 0 & 0 & \varTheta_{14} & \varTheta_{15} & \varTheta_{16} \\
* & -Q & 0 & 0 & \varTheta_{25} & 0 \\
* & * & -I_{n \times n_y} & 0 & \varTheta_{35} & \varTheta_{36} \\
* & * & * & \varTheta_{44} & \varTheta_{45} & \varTheta_{46} \\
* & * & * & * & \varTheta_{55} & 0 \\
* & * & * & * & * & \varTheta_{66}
\end{bmatrix} < 0 \tag{6.24}
$$

其中

$$
\begin{aligned}
\varTheta_{11} &= -P_\varpi + \chi Q + \begin{bmatrix} \bar{M}, & -\bar{M}, & 0 \end{bmatrix}^{\mathrm{T}} \begin{bmatrix} \bar{M}, & -\bar{M}, & 0 \end{bmatrix} \\
&\quad + \mathrm{diag}\{\bar{C}^{\mathrm{T}}(\varLambda_\varrho \otimes I_{n_y})\bar{C}, 0, 0\} \\
\varTheta_{44} &= -n\gamma^2 I + \bar{D}^{\mathrm{T}}(\varLambda_\varrho \otimes I_{n_y})\bar{D} \\
\varTheta_{14} &= U^{\mathrm{T}}\bar{C}^{\mathrm{T}}(\varLambda_\varrho \otimes I_{n_y})\bar{D}
\end{aligned}
$$

$$\Theta_{55} = -\mathrm{diag}\{\bar{P}_{\varpi 1}, \bar{P}_{\varpi 2}, \bar{P}_{\varpi 3}\}$$

$$\Theta_{66} = I_n \otimes \Theta_{55}$$

$$\Theta_{15} = \begin{bmatrix} \bar{A}^{\mathrm{T}}\bar{P}_{\varpi 1} & \bar{C}^{\mathrm{T}}\Lambda_\alpha X_\varpi^{\mathrm{T}} & \bar{C}^{\mathrm{T}}\Lambda_\alpha \bar{P}_{\varpi 3} \\ 0 & Y_\varpi^{\mathrm{T}} & 0 \\ 0 & (I-\Lambda_\alpha)X_\varpi^{\mathrm{T}} & (I-\Lambda_\alpha)\bar{P}_{\varpi 3} \end{bmatrix}$$

$$\Theta_{25} = \mathrm{diag}\{\bar{A}_\tau \bar{P}_{\varpi 1}, 0, 0\}$$

$$\Theta_{35} = \begin{bmatrix} 0, & \Lambda_\alpha X_\varpi^{\mathrm{T}}, & \Lambda_\alpha \bar{P}_{\varpi 3} \end{bmatrix}$$

$$\Theta_{45} = \begin{bmatrix} \bar{B}^{\mathrm{T}}\bar{P}_{\varpi 1}, & \bar{D}^{\mathrm{T}}\Lambda_\alpha X_\varpi^{\mathrm{T}}, & \bar{D}^{\mathrm{T}}\Lambda_\alpha \bar{P}_{\varpi 3} \end{bmatrix}$$

$$\Theta_{16} = \begin{bmatrix} \sigma_1 \begin{bmatrix} 0 & (X_\varpi \tilde{C}^1)^{\mathrm{T}} & (\tilde{C}^1)^{\mathrm{T}}\bar{P}_{\varpi 3} \\ 0 & 0 & 0 \\ 0 & -\tilde{\mathcal{I}}^1 X_\varpi^{\mathrm{T}} & -\tilde{\mathcal{I}}^1 \bar{P}_{\varpi 3} \end{bmatrix}, \cdots, & \sigma_n \begin{bmatrix} 0 & (X_\varpi \tilde{C}^n)^{\mathrm{T}} & (\tilde{C}^n)^{\mathrm{T}}\bar{P}_{\varpi 3} \\ 0 & 0 & 0 \\ 0 & -\tilde{\mathcal{I}}^n X_\varpi^{\mathrm{T}} & -\tilde{\mathcal{I}}^n \bar{P}_{\varpi 3} \end{bmatrix} \end{bmatrix}$$

$$\Theta_{36} = \begin{bmatrix} \sigma_1 \begin{bmatrix} 0, & \tilde{\mathcal{I}}^1 X_\varpi^{\mathrm{T}}, & \tilde{\mathcal{I}}^1 \bar{P}_{\varpi 3} \end{bmatrix}, \cdots, & \sigma_n \begin{bmatrix} 0, & \tilde{\mathcal{I}}^n X_\varpi^{\mathrm{T}}, & \tilde{\mathcal{I}}^n \bar{P}_{\varpi 3} \end{bmatrix} \end{bmatrix}$$

$$\Theta_{46} = \begin{bmatrix} \sigma_1 \begin{bmatrix} 0, & (\tilde{D}^1)^{\mathrm{T}} X_\varpi^{\mathrm{T}}, & (\tilde{D}^1)^{\mathrm{T}}\bar{P}_{\varpi 3} \end{bmatrix}, \cdots, & \sigma_n \begin{bmatrix} 0, & (\tilde{D}^n)^{\mathrm{T}} X_\varpi^{\mathrm{T}}, & (\tilde{D}^n)^{\mathrm{T}}\bar{P}_{\varpi 3} \end{bmatrix} \end{bmatrix}$$

假设不等式条件 (6.24) 可行，滤波器参数 $\bar{H}(\varpi)$ 和 $\bar{K}(\varpi)$ 可设计为

$$\bar{H}(\varpi) = \bar{P}_{\varpi 2}^{-1} X_\varpi, \quad \bar{K}(\varpi) = \bar{P}_{\varpi 2}^{-1} Y_\varpi \tag{6.25}$$

期望的滤波器参数 $H_{ij}(\varpi)$ 和 $K_{ij}(\varpi)$ $(i = 1, 2, \cdots, n, \ j \in \mathcal{N}_i)$ 可由式 (6.9) 和式 (6.10) 得到。

证明 令 $\bar{P}_\varpi = \mathrm{diag}\{\bar{P}_{\varpi 1}, \bar{P}_{\varpi 2}, \bar{P}_{\varpi 3}\}$，同时定义 $\bar{P}_{\varpi 2}\bar{H}(\varpi) = X_\varpi$ 和 $\bar{P}_{\varpi 2}\bar{K}(\varpi) = Y_\varpi$，根据 Schur 补引理，容易得到式 (6.24)。

证毕.

注释 6.3 传感器网络环境下设计分布式滤波的主要困难在于传感器时间和空间上的强耦合。本章滤波器参数 $H_{ij}(\varpi)$ 和 $K_{ij}(\varpi)$ $(i = 1, 2, \cdots, n, \ j \in \mathcal{N}_i)$ 由矩阵簇 $\bar{H}(\varpi)$ 和 $\bar{K}(\varpi)$ 表示，通过上述表示方法，可以有效地设计待求的滤波器参数。

6.2.3 仿真研究

例 6.1 通过仿真实例验证分布式 H_∞ 一致性滤波策略的有效性。考虑如下线性离散系统 (6.1)，给定其参数为

$$A = \begin{bmatrix} -0.16 & -0.2 \\ 0.18 & 0.09 \end{bmatrix}; \quad A_\tau = \begin{bmatrix} 0.12 & 0.1 \\ 0.12 & 0.1 \end{bmatrix}; \quad B = \begin{bmatrix} 0.1 \\ 0.08 \end{bmatrix}$$

$$M = \begin{bmatrix} 0.1, & 0.12 \end{bmatrix}; \quad N = 0.1$$

假设传感器网络由 2 个节点组成，它们之间利用随机马尔可夫链的切换拓扑结构进行相互通信。随机切换拓扑结构如图 6.2所示。

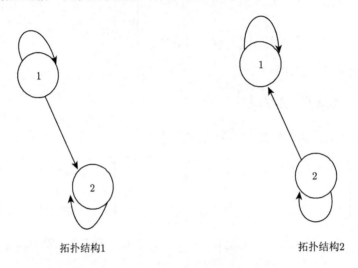

拓扑结构1　　　　　　　　　　　　　　拓扑结构2

图 6.2　随机切换拓扑结构

具有 2 个节点 $(n = 2)$ 的传感器网络拓扑结构可以表示为节点集合 $\mathcal{V} = \{1, 2\}$；切换边集为 $\mathcal{E}_1 = \{(1,1), (2,1), (2,2)\}$，$\mathcal{E}_2 = \{(1,1), (1,2), (2,2)\}$ 的有向图 $\mathcal{G}_\varpi = (\mathcal{V}, \mathcal{E}_\varpi, \mathcal{A}_\varpi)$；邻接矩阵为 $\mathcal{A}_\varpi = [a_{ij}(\varpi)]_{2\times 2}$；当 $(i, j) \in \mathcal{E}_\varpi$ 时，邻接矩阵元素 $a_{ij}(\varpi) = 1$，否则 $a_{ij}(\varpi) = 0$；滤波器模态的传输概率假设满足 $\pi = \begin{bmatrix} 0.3 & 0.7 \\ 0.4 & 0.6 \end{bmatrix}$。

对于每个传感器节点 i $(i = 1, 2)$，其输出描述为 $y_i(k) = C_i x(k) + D_i w(k)$，其中 $C_1 = \begin{bmatrix} 0.04, & -0.1 \end{bmatrix}$，$C_2 = \begin{bmatrix} 0.08, & 0.1 \end{bmatrix}$，$D_1 = 0.2$，$D_2 = -0.9$。本例的时变时滞满足 $2 \leqslant \tau(k) \leqslant 8$；丢包概率假设为 $\bar{\alpha}_1 = 0.96$ 和 $\bar{\alpha}_2 = 0.98$；阈值参数选择为 $\varrho_1 = 0.9$ 和 $\varrho_2 = 0.8$。通过求解不等式 (6.24)，可得分布式扰动抑制水平 $\gamma_{\min} = 0.8114$，期望的基于事件触发机制分布式 H_∞ 一致性滤波器参数为

$$H_{11}(1) = \begin{bmatrix} -0.0973 \\ -0.0277 \end{bmatrix}; \quad K_{11}(1) = \begin{bmatrix} 0.2132 & 0.0383 \\ 0.7010 & -0.0370 \end{bmatrix}$$

$$H_{21}(1) = \begin{bmatrix} -0.0088 \\ 0 \end{bmatrix}; \quad K_{21}(1) = \begin{bmatrix} -0.1825 & 0.0015 \\ 0.0196 & 0.0028 \end{bmatrix}$$

$$H_{22}(1) = \begin{bmatrix} -0.0340 \\ -0.0106 \end{bmatrix}; \quad K_{22}(1) = \begin{bmatrix} 0.8066 & 0.0107 \\ -0.3534 & -0.0003 \end{bmatrix}$$

$$H_{11}(2) = \begin{bmatrix} 0 \\ 0.0018 \end{bmatrix}; \quad K_{11}(2) = \begin{bmatrix} -0.0089 & -0.0077 \\ -0.0016 & -0.0015 \end{bmatrix}$$

$$H_{12}(2) = \begin{bmatrix} -0.0060 \\ 0.0893 \end{bmatrix}; \quad K_{12}(2) = \begin{bmatrix} -0.0010 & -0.0020 \\ 0.0001 & -0.0007 \end{bmatrix}$$

$$H_{22}(2) = \begin{bmatrix} -0.0003 \\ 0 \end{bmatrix}; \quad K_{22}(2) = \begin{bmatrix} -0.0052 & -0.0117 \\ -0.0002 & -0.0012 \end{bmatrix}$$

假设扰动输入满足 $w(k) = 0.5e^{-0.01k}n(k)$，其中 $n(k)$ 为间隔 $[-0.01, 0.01]$ 上均匀分布的随机噪声。图 6.3 所示为 2 个传感器节点 $z(k)$ 及其估计 $\hat{z}_i(k)$ 的仿真结果。从仿真结果可以看出，设计的分布式滤波器可以很好地估计测量输出 $z(k)$。事件触发时刻和触发间隔如图 6.4 所示。可以看到，事件平均触发周期要比时间触发策略明显大很多，可以有效地降低资源损耗。

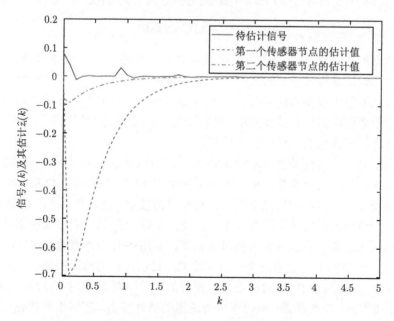

图 6.3　信号 $z(k)$ 及其估计 $\hat{z}_i(k)$

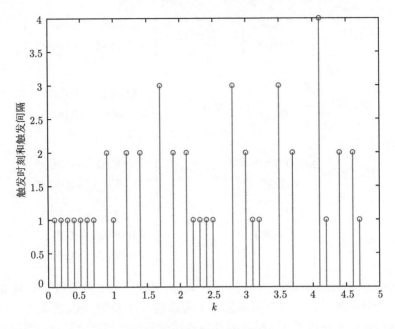

图 6.4　触发时刻和触发间隔

6.3　带有网络诱导时滞和数据包丢失的离散系统分布式 H_∞ 故障检测

　　传感器网络作为工业制造自动化领域具有潜在应用的大规模系统，在通信、感知及计算领域取得了显著进展[27-35]。基于传感器网络的分布式滤波或估计问题是协作信息处理中最基本的问题之一[3-7]。近年来，许多学者将传感器网络一致性策略应用于系统状态估计或滤波中，解决分布式估计和滤波问题[3-7]，为分布式一致性算法应用于传感器网络拓宽了思路。

　　实际工业生产过程易受其本身未知输入、干扰、模型不确定及故障等影响，由于故障存在，会给系统可靠性和安全性带来不利影响。故障检测和隔离技术[36-38]可保证系统在发生故障的情况下仍然具有满意的性能。特别是，随着 LMI 技术[39]的出现，涌现出大批优秀的研究成果。例如，文献 [14] 将一类带有网络诱导时滞和数据包丢失的离散系统转换为多时滞系统，利用多时滞系统的处理方法[40]，设计 DFDF，实现对多传感器网络的故障检测。目前，针对故障检测技术的研究大多局限于单个传感器的传统鲁棒故障检测方面[36-38]，传统点对点故障检测方案布线复杂、成本高、维护困难，同时单个传感器的估计能力、容错性和鲁棒性无法满足正常工作需求。迫切需要设计基于传感器网络的分布式故障检测结构[41-44]，有效协调传感器及其相邻的传感器之间的耦合信息，合理分配结构复杂、资源有限的拓扑网络，为网络选择信息传递提供更多的自由度与灵活性。

本节利用传感器网络的一致性思想，实现传感器网络的分布式估计，进而利用一致性的估计策略解决鲁棒故障检测问题，实现对故障及时、有效检测的目的。具体地说，在传感器网络环境下，对一类带有网络诱导时滞和丢包的离散系统，将一致性策略应用于传感器网络的分布式估计中，借助相邻传感器节点之间的估计值交互，设计基于观测器的 DRFDF。一方面，完成传感器节点上的所有局部观测器对实际状态的估计；另一方面，利用 RFDF 产生残差信号，提出合理的残差评价方法，实现及时、有效检测故障的目的。在考虑诱导时滞和数据包丢失的情况下，将 DRFDF 的动态系统等效转化成一个多时滞系统。利用新构建的 L-K 泛函及 LMI 技术可以获得分布式鲁棒故障检测动态系统的渐近稳定性条件，同时设计观测器增益矩阵和残差加权矩阵。最后通过仿真实验，对基于传感器网络的分布式鲁棒故障检测策略的有效性进行验证与分析。

6.3.1 鲁棒故障检测的问题描述

1. 系统动态描述

考虑如下离散线性时不变系统，即

$$
\begin{aligned}
x(k+1) &= Ax(k) + Bu(k) + B_f f(k) + B_w w(k) \\
y_i(k) &= C_i x(k), \quad i = 1, 2, \cdots, n
\end{aligned}
\tag{6.26}
$$

其中，$x(k) \in \mathbf{R}^p$，$u(k) \in \mathbf{R}^m$ 为状态向量和控制输入；$y_i(k) \in \mathbf{R}^r$ 为第 i 个传感器的测量输出；n 为传感器节点个数；$w(k) \in \mathbf{R}^q$ 为未知输入向量，包括干扰及未建模不确定性；$f(k) \in \mathbf{R}^s$ 为待检测故障；A、B、C_i、B_f 和 B_w 为恰当维数的常值矩阵。

记 C 为包含输出矩阵 C_i 的矩阵簇，并假设 (C, A) 可检测。除了测量输出 $y_i(k)$，传感器 i 还可接收相邻节点 $j \in \mathcal{N}_i$ 的测量信息 $\hat{y}_{ij}(k) = C_{ij}\hat{x}_j(k)$，并以此作为 i 的估计输出。定义 $\bar{C}_i$ 为包含 C_i 和 C_{ij} $(j \in \mathcal{N}_i)$ 的一个矩阵簇，假设 $(A, \bar{C}_i)$ 矩阵对是可检测的，n 个传感器节点在空间是完全分布式的，其网络拓扑结构由 n 阶有向图 $\mathcal{G} = \{\mathcal{V}, \mathcal{E}\}$ 表示，包括 $\mathcal{V} = \{1, 2, \cdots, n\}$ 和边集 $\mathcal{E} = \{e_1, e_2, \cdots, e_n\}$。若 $i, j \in \mathcal{V}$，则 $e_{ij} = (i, j)$。

2. 残差产生

为产生残差信号，可在传感器网络环境下设计基于观测器的 DRFDF，即

$$\begin{cases} \hat{x}_i(k+1) = A\hat{x}_i(k) + Bu(k) + E_i\big(\hat{y}_i(k) - y_i(k)\big) \\ \qquad + \sum_{j\in\mathcal{N}_i} a_{ij}H_{ij}C_{ij}\big(\hat{x}_j(k-\tau_{ij}(k)) - \hat{x}_i(k-\tau_{ij}(k))\big) \\ \hat{y}_i(k) = C_i\hat{x}_i(k) \\ r_i(k) = V_i\big(\hat{y}_i(k) - y_i(k)\big) + \sum_{j\in\mathcal{N}_i} a_{ij}M_{ij}C_{ij}\big(\hat{x}_j(k-\tau_{ij}(k)) - \hat{x}_i(k-\tau_{ij}(k))\big) \end{cases}$$

$$(6.27)$$

其中，$\hat{x}_i(k) \in \mathbf{R}^p$ 和 $\hat{y}_i(k) \in \mathbf{R}^r$ 为传感器节点 i 上的滤波器估计状态和输出估计向量；$r_i(k) \in \mathbf{R}^s$ 为残差信号；E_i 和 H_{ij} 为待设计的分布式观测器增益矩阵；V_i 和 M_{ij} 为待设计的残差加权矩阵。

基于传感器网络的相邻 DRFDF 之间的通信往往受到时滞的影响，上述时滞一般是采样、网络诱导时滞及丢包引起的[13]，其等价的时变时滞 $\tau_{ij}(k)$ 表示当前时刻 k 与节点 i 收到节点 j 发送的最后一个数据包的时刻之差。时序结构如图 6.5所示。

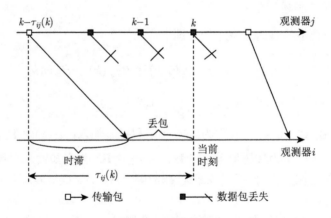

图 6.5 时序结构

设计基于传感器网络的 DRFDF 的目标是利用一致性思想，使每个传感器 i 上的滤波器完成对系统实际状态 $x(k)$ 的估计，即对任意 RFDF 的估计状态，都要求满足 $\lim\limits_{k\to\infty}\|\hat{x}_i(k) - x(k)\| = 0$。考虑相邻传感器网络间时滞影响，利用传感器节点 i 及其相邻节点 j 上滤波器之间时延的输出估计值交互 $C_{ij}\big(\hat{x}_j(k-\tau_{ij}(k)) - \hat{x}_i(k-\tau_{ij}(k))\big)$，产生每个 RFDF 的残差信号 $r_i(k)$。设计分布式的 RFDF，实现残差 $r_i(k)$ $(i=1,2,\cdots,n)$ 对故障 $f(k)$ 尽可能灵敏，并且对控制输入 $u(k)$ 及干扰 $w(k)$ 更具有鲁棒性，即更及时、有效地检测出故障 $f(k)$。

注释 6.4 本节利用相邻传感器节点上滤波器之间时延的输出估计值交互 $C_{ij}\big(\hat{x}_j(k-\tau_{ij}(k)) - \hat{x}_i(k-\tau_{ij}(k))\big)$ 来代替测量值的直接交互，为网络选择传递信息提供更多的自由度与灵活性，同时降低每个节点状态估计的不确定性。利用分布式一致性思想，基于分布式的 RFDF 仅依据第 i 个传感器节点上的滤波器估计值 $\hat{x}_i(k)$、$\hat{y}_i(k)$ 及测量输出信息 $y_i(k)$ 与相邻传感器节点之间的输出估计值交互 $C_{ij}(\hat{x}_j(k-\tau_{ij}(k))-\hat{x}_i(k-\tau_{ij}(k)))$ 就能估计出系统状态 $x(k)$ 和残差信号 $r_i(k)$ $(i=1,2,\cdots,n)$。这与基于单一传感器的传统故障滤波器相比，增强了传感器的可观性和估计能力。

对于等价的时变时滞 $\tau_{ij}(k)$，假设有 l 个不同的时延，记 $\tau_r(k) \in \{\tau_{ij}(k), i,j \in \{1,2,\cdots,n\}\}$，$r \in \{1,2,\cdots,l\}$。相应地，$\tilde{C}_r \in \{C_{ij}, i,j \in \{1,2,\cdots,n\}\}$。记 H_{ij} 和 M_{ij} 为 H_r 和 M_r。等价的时变有界时延 $\tau_r(k)$ 假设满足 $1 \leqslant \tau_1 \leqslant \tau_r(k) \leqslant \tau_2$，$\tau_1$ 与 τ_2 为已知的正整数。

定义 $e_i(k)=\hat{x}_i(k)-x(k)$ 和 $\tilde{r}_i(k)=r_i(k)-f(k)$，可得下式，即

$$
\begin{cases}
e_i(k+1) = (A+E_iC_i)e_i(k) + \sum_{j \in \mathcal{N}_i} a_{ij}H_{ij}C_{ij}\big(e_j(k-\tau_{ij}(k))-e_i(k-\tau_{ij}(k))\big) \\
\qquad\qquad - B_f f(k) - B_w w(k) \\
\tilde{r}_i(k) = V_iC_ie_i(k) + \sum_{j \in \mathcal{N}_i} a_{ij}M_{ij}C_{ij}\big(e_j(k-\tau_{ij}(k))-e_i(k-\tau_{ij}(k))\big) - f(k)
\end{cases}
$$

$$(6.28)$$

记 $e=[e_1^{\mathrm{T}}, e_2^{\mathrm{T}}, \cdots, e_n^{\mathrm{T}}]^{\mathrm{T}}$、$\tilde{r}=[\tilde{r}_1^{\mathrm{T}}, \tilde{r}_2^{\mathrm{T}}, \cdots, \tilde{r}_n^{\mathrm{T}}]^{\mathrm{T}}$、$\Delta e(k)=e(k+1)-e(k)$ 和 $v(k)=[u^{\mathrm{T}}(k), f^{\mathrm{T}}(k), w^{\mathrm{T}}(k)]^{\mathrm{T}}$，基于传感器网络的 DRFDF 的动态系统可以描述为

$$
\begin{cases}
e(k+1) = \bar{A}e(k) - \sum_{r=1}^{l}(L_r \otimes H_r\tilde{C}_r)e(k-\tau_r(k)) - \bar{B}_{fw}v(k) \\
\Delta e(k) = (\bar{A}-I)e(k) - \sum_{r=1}^{l}(L_r \otimes H_r\tilde{C}_r)e(k-\tau_r(k)) - \bar{B}_{fw}v(k) \\
\tilde{r}(k) = \bar{A}_{vc}e(k) - \sum_{r=1}^{l}(L_r \otimes M_r\tilde{C}_r)e(k-\tau_r(k)) - \bar{B}_1 v(k)
\end{cases}
\qquad (6.29)
$$

其中，$\bar{A}=\mathrm{diag}\{A+E_1C_1, A+E_2C_2, \cdots, A+E_nC_n\}$；$\bar{B}_{fw}=[0, \ \bar{B}_f, \ \bar{B}_w]$；$\bar{A}_{vc}=\mathrm{diag}\{V_1C_1, V_2C_2, \cdots, V_nC_n\}$；$\bar{B}_1=[0, 1_{nl}, 0]$；$\bar{B}_f=1_n \otimes B_f$；$\bar{B}_w=1_n \otimes B_w$；$L=\sum_{r=1}^{l}L_r$ 为传感器网络拓扑图 $\mathcal{G}$ 的 Laplacian 矩阵。

本节对带有网络诱导时延和丢包的离散线性时不变系统 (6.26)，基于一致性理论，首次提出由转化后的系统 (6.29) 来描述基于传感器网络的 RFDF。从式 (6.29) 可以看出，此动态系统为一个多时滞系统，因此可以利用文献 [40] 提出的多时滞处理方法对上述故障检测动态系统的稳定性进行分析。

3. 残差估计

通过基于传感器网络的 DRFDF 产生残差之后，接下来的主要任务是评价残差信号。对于经典的 RFDF[36,37]，通用的方法是选择阈值及残差评价函数。在此，借鉴传统 FDF 方法确定每个传感器节点的 RFDF 的残差评价函数和阈值，即

$$J_L^i(r_i) = \| r_i(k) \|_{2,L} = \left(\sum_{k=l_0}^{l_0+L} r_i^{\mathrm{T}}(k) r_i(k) \right)^{1/2} \tag{6.30}$$

$$J_{th}^i = \sup_{w \in l_2, f=0} \| r_i(k) \|_{2,L}, \quad i = 1, 2, \cdots, n \tag{6.31}$$

其中，l_0 为初始估计时刻；L 为估计时间窗口的长度，应为有限值，选择时需要保证故障可及时被检测到。

残差决策标准为

$$\begin{cases} J_L^i(r_i) > J_{\mathrm{th}}^i \Rightarrow 检测到故障 \Rightarrow 报警 \\ J_L^i(r_i) \leqslant J_{\mathrm{th}}^i \Rightarrow 无故障, \quad i = 1, 2, \cdots, n \end{cases} \tag{6.32}$$

很明显，计算 J_{th}^i 时需要确定残差 $r_i(k)$ 中的未知输入 $w(k)$，若其中一个 RFDF 报警，就会被确认检测到故障。

6.3.2　分布式鲁棒故障检测滤波器设计

本节设计基于传感器网络的 DRFDF，并推导 DFDF 存在的渐近稳定充分条件。

引理 6.1[45]　对任意正定矩阵 $Z \in \mathbf{R}^{n \times n}$，正整数 r 与 r_0 且满足 $1 \leqslant r_0 \leqslant r$，向量函数为 $x(j) \in \mathbf{R}^n$，则有如下积分不等式成立，即

$$\left(\sum_{j=r_0}^{r} x(j) \right)^{\mathrm{T}} Z \left(\sum_{j=r_0}^{r} x(j) \right) \leqslant (r - r_0 + 1) \sum_{j=r_0}^{r} x^{\mathrm{T}}(j) Z x(j) \tag{6.33}$$

引理 6.2[46]　考虑 $Z < 0$、矩阵 P 及标量 μ，有如下不等式成立，即

$$\left(P + \mu Z^{-1} \right)^{\mathrm{T}} Z \left(P + \mu Z^{-1} \right) \leqslant 0 \Leftrightarrow P^{\mathrm{T}} Z P \leqslant -\mu \left(P^{\mathrm{T}} + P \right) - \mu^2 Z^{-1} \tag{6.34}$$

定理 6.3　假设由 n 个传感器节点组成的通信拓扑图 $\mathcal{G}$，对于给定的时变时滞界 τ_1 和 τ_2，若存在矩阵 $Q_1 > 0$、$Q_2 > 0$、$Q_3 > 0$、$Z_1 > 0$、$Z_2 > 0$、$P_i > 0$，$i \in \mathcal{V}$ 和矩阵 X_i、Y_r，以及残差权重矩阵 V_i、M_r，$i \in \mathcal{V}$，$r \in \{1, 2, \cdots, l\}$，使如下 LMI 成立，则含有 n 个传感器网络的分布式故障检测动态系统 (6.29) 是渐

近稳定的，且满足 H_∞ 性能指标 γ，即

$$
\begin{bmatrix}
\Gamma_1 & 0 & Z_1 & 0 & 0 & \Psi_2 & \Psi_3 & \bar{\Psi}_3 & \bar{A}_{vc}^{\mathrm{T}} \\
* & -\Psi_1 & \Theta^{\mathrm{T}} & \Theta^{\mathrm{T}} & 0 & \Phi^{\mathrm{T}}(\mathcal{Y}) & \tau_1\Phi^{\mathrm{T}}(\mathcal{Y}) & \tau_{12}\Phi^{\mathrm{T}}(\mathcal{Y}) & \Phi^{\mathrm{T}}(\mathcal{M}) \\
* & * & \Gamma_2 & 0 & 0 & 0 & 0 & 0 & 0 \\
* & * & * & \Gamma_3 & 0 & 0 & 0 & 0 & 0 \\
* & * & * & * & -\gamma^2 I & -\bar{B}_{fw}^{\mathrm{T}}P & -\tau_1\bar{B}_{fw}^{\mathrm{T}}P & -\tau_{12}\bar{B}_{fw}^{\mathrm{T}}P & -\bar{B}_1^{\mathrm{T}} \\
* & * & * & * & * & -P & 0 & 0 & 0 \\
* & * & * & * & * & * & Z_1-2P & 0 & 0 \\
* & * & * & * & * & * & * & \dfrac{1}{l}(Z_2-2P) & 0 \\
* & * & * & * & * & * & * & * & -nI
\end{bmatrix} < 0
$$

$$(6.35)$$

其中

$$\Gamma_1 = -P + Q_1 + Q_2 + lQ_3 + l\tau_{12}Q_3 - Z_1$$

$$\Psi_1 = \mathrm{diag}\underbrace{\{Q_3,\cdots,Q_3\}}_{l} + \mathrm{diag}\underbrace{\{2Z_2,\cdots,2Z_2\}}_{l}$$

$$\Theta = \underbrace{[Z_2,\cdots,Z_2]}_{l}$$

$$\Gamma_2 = -Q_1 - Z_1 - lZ_2$$

$$\Gamma_3 = -Q_2 - lZ_2$$

$$\Psi_2 = \mathrm{diag}\{A^{\mathrm{T}}P_1 + C_1^{\mathrm{T}}X_1^{\mathrm{T}},\cdots,A^{\mathrm{T}}P_n + C_n^{\mathrm{T}}X_n^{\mathrm{T}}\}$$

$$\Psi_3 = \tau_1(\Psi_2 - P)$$

$$\bar{\Psi}_3 = \tau_{12}(\Psi_2 - P)$$

$$\Phi(\mathcal{Y}) = [-L \otimes Y_1\tilde{C}_1,\cdots,-L \otimes Y_l\tilde{C}_l]$$

$$\Phi(\mathcal{M}) = [-L_1 \otimes M_1\tilde{C}_1,\cdots,-L_l \otimes M_l\tilde{C}_l]$$

$$P = \mathrm{diag}\{P_1,P_2,\cdots,P_n\}$$

此外，分布式滤波器增益矩阵 E_i，H_{ij} ($i \in \mathcal{V}$，$j \in \mathcal{N}_i$) 设计为

$$E_i = P_i^{-1}X_i, \quad H_{ij} = P_i^{-1}Y_r \tag{6.36}$$

其中，$Y_r \in \{Y_{ij}, i \in \mathcal{V}, j \in \mathcal{N}_i\}$；$r \in \{1,2,\cdots,l\}$。

证明　构建如下保守性更小的 L-K 泛函，即

$$V(k) = V_1(k) + V_2(k) + V_3(k) + V_4(k)$$

其中

$$V_1(k) = e^{\mathrm{T}}(k)Pe(k)$$

$$V_2(k) = \sum_{r=1}^{2}\sum_{j=k-\tau_r}^{k-1} e^{\mathrm{T}}(j)Q_r e(j)$$

$$V_3(k) = \sum_{r=1}^{l}\sum_{j=k-\tau_r(k)}^{k-1} e^{\mathrm{T}}(j)Q_3 e(j)$$

$$V_4(k) = \sum_{r=-\tau_1}^{-1}\sum_{j=k+r}^{k-1} \tau_1 \Delta e^{\mathrm{T}}(j)Z_1 \Delta e(j)$$
$$+ \sum_{r=1}^{l}\left(\sum_{i=-\tau_2}^{-\tau_1-1}\sum_{j=k+i}^{k-1} \tau_{12}\Delta e^{\mathrm{T}}(j)Z_2 \Delta e(j) + \sum_{i=-\tau_2+1}^{-\tau_1}\sum_{j=k+i}^{k-1} e^{\mathrm{T}}(j)Q_3 e(j)\right)$$

令 $\Delta e(i) = e(i+1) - e(i)$, $\tau_{12} = \tau_2 - \tau_1$, 可以获得下式, 即

$$\Delta V_1(k) = \xi^{\mathrm{T}}(k)\Big([\bar{A},\ \Phi(\mathcal{H}),\ 0,\cdots,0,\ -\bar{B}_{fw}]^{\mathrm{T}} P[\bar{A},\ \Phi(\mathcal{H}),\ 0,\cdots,0,\ -\bar{B}_{fw}]$$
$$+ \mathrm{diag}\{-P,\ 0,\cdots,0\}\Big)\xi(k) \tag{6.37}$$

其中

$$\Phi(\mathcal{H}) = \left[-L_1 \otimes H_1 \tilde{C}_1, \cdots, -L_l \otimes H_l \tilde{C}_l\right] = [\mathcal{H}_1, \cdots, \mathcal{H}_l]$$
$$\xi^{\mathrm{T}}(k) = [e^{\mathrm{T}}(k),\ e_m^{\mathrm{T}}(k),\ e^{\mathrm{T}}(k-\tau_1),\ e^{\mathrm{T}}(k-\tau_2),\ v^{\mathrm{T}}(k)]$$
$$e_m^{\mathrm{T}}(k) = [e^{\mathrm{T}}(k-\tau_1(k)), \cdots, e^{\mathrm{T}}(k-\tau_l(k))]$$

$$\Delta V_2(k) = \sum_{j=1}^{2} e^{\mathrm{T}}(k)Q_j e(k) - \sum_{j=1}^{2} e^{\mathrm{T}}(k-\tau_j)Q_j e(k-\tau_j)$$
$$= e^{\mathrm{T}}(k)(Q_1+Q_2)e(k) - e^{\mathrm{T}}(k-\tau_1)Q_1 e(k-\tau_1) - e^{\mathrm{T}}(k-\tau_2)Q_2 e(k-\tau_2) \tag{6.38}$$

$$\Delta V_3(k) = \sum_{r=1}^{l}\left(e^{\mathrm{T}}(k)Q_3 e(k) - e^{\mathrm{T}}(k-\tau_r(k))Q_3 e(k-\tau_r(k))\right.$$
$$\left. + \sum_{j=k+1-\tau_r(k+1)}^{k-1} e^{\mathrm{T}}(j)Q_3 e(j) - \sum_{j=k+1-\tau_r(k)}^{k-1} e^{\mathrm{T}}(j)Q_3 e(j)\right) \tag{6.39}$$

$$\Delta V_4(k) = \tau_1^2 \Delta e^{\mathrm{T}}(k)Z_1 \Delta e(k) - \sum_{j=k-\tau_1}^{k-1} \tau_1 \Delta e^{\mathrm{T}}(j)Z_1 \Delta e(j)$$
$$+ \sum_{r=1}^{l}\left(\tau_{12}^2 \Delta e^{\mathrm{T}}(k)Z_2 \Delta e(k) - \sum_{j=k-\tau_2}^{k-\tau_1-1} \tau_{12}\Delta e^{\mathrm{T}}(j)Z_2 \Delta e(j)\right.$$

$$+ \tau_{12} e^{\mathrm{T}}(k) Q_3 e(k) - \sum_{j=k-\tau_2+1}^{k-\tau_1} e^{\mathrm{T}}(j) Q_3 e(j) \Bigg) \tag{6.40}$$

由引理 6.1可得如下不等式，即

$$- \sum_{j=k-\tau_1}^{k-1} \tau_1 \Delta e^{\mathrm{T}}(j) Z_1 \Delta e(j) \leqslant -\big(e(k) - e(k-\tau_1)\big)^{\mathrm{T}} Z_1 \big(e(k) - e(k-\tau_1)\big) \tag{6.41}$$

$$\sum_{r=1}^{l} \Bigg(\sum_{j=k+1-\tau_r(k+1)}^{k-1} e^{\mathrm{T}}(j) Q_3 e(j) - \sum_{j=k+1-\tau_r(k)}^{k-1} e^{\mathrm{T}}(j) Q_3 e(j) \Bigg)$$

$$\leqslant \sum_{r=1}^{l} \sum_{j=k-\tau_2+1}^{k-\tau_1} e^{\mathrm{T}}(j) Q_3 e(j) \tag{6.42}$$

$$- \sum_{j=k-\tau_2}^{k-\tau_1-1} \tau_{12} \Delta e^{\mathrm{T}}(j) Z_2 \Delta e(j)$$

$$= - \sum_{j=k-\tau_2}^{k-\tau_r(k)-1} \tau_{12} \Delta e^{\mathrm{T}}(j) Z_2 \Delta e(j) - \sum_{k-\tau_r(k)}^{j=k-\tau_1-1} \tau_{12} \Delta e^{\mathrm{T}}(j) Z_2 \Delta e(j)$$

$$\leqslant -\big(e(k-\tau_r(k)) - e(k-\tau_2)\big)^{\mathrm{T}} Z_2 \big(e(k-\tau_r(k)) - e(k-\tau_2)\big) \tag{6.43}$$

$$- \big(e(k-\tau_1) - e(k-\tau_r(k))\big)^{\mathrm{T}} Z_2 \big(e(k-\tau_1) - e(k-\tau_r(k))\big)$$

进而得到下式，即

$$\Delta V_3(k) + \Delta V_4(k)$$

$$\leqslant e^{\mathrm{T}}(k)(l Q_3 + l \tau_{12} Q_3) e(k) - e_m^{\mathrm{T}}(k) \Psi e_m(k)$$

$$- \big(e(k) - e(k-\tau_1)\big)^{\mathrm{T}} Z_1 \big(e(k) - e(k-\tau_1)\big)$$

$$+ \xi^{\mathrm{T}}(k) \begin{bmatrix} (\bar{A}-I)^{\mathrm{T}} \\ \Phi(\mathcal{H})^{\mathrm{T}} \\ 0 \\ 0 \\ -\bar{B}_{fw}^{\mathrm{T}} \end{bmatrix} (\tau_1^2 Z_1 + l \tau_{12}^2 Z_2) \begin{bmatrix} (\bar{A}-I)^{\mathrm{T}} \\ \Phi(\mathcal{H})^{\mathrm{T}} \\ 0 \\ 0 \\ -\bar{B}_{fw}^{\mathrm{T}} \end{bmatrix}^{\mathrm{T}} \xi(k) \tag{6.44}$$

$$- \sum_{r=1}^{l} \big(e(k-\tau_r(k)) - e(k-\tau_2)\big)^{\mathrm{T}} Z_2 \big(e(k-\tau_r(k)) - e(k-\tau_2)\big)$$

$$- \sum_{r=1}^{l} \big(e(k-\tau_1) - e(k-\tau_r(k))\big)^{\mathrm{T}} Z_2 \big(e(k-\tau_1) - e(k-\tau_r(k))\big)$$

其中, $\Psi = \mathrm{diag}\{Q_3, \cdots, Q_3\}$。

结合式 (6.37), 式 (6.38) 和式 (6.44), 令 $v(k) = 0$ 及 $\zeta^{\mathrm{T}}(k) = [e^{\mathrm{T}}(k), e_m^{\mathrm{T}}(k), e^{\mathrm{T}}(k-\tau_1), e^{\mathrm{T}}(k-\tau_2)]$, 可以得到下式, 即

$$\Delta V(k) \leqslant \zeta^{\mathrm{T}}(k) \Xi \zeta(k) = \zeta^{\mathrm{T}}(k) \begin{bmatrix} \Omega_1 & \Omega & Z_1 & 0 \\ * & \Omega_2 & \Theta^{\mathrm{T}} & \Theta^{\mathrm{T}} \\ * & * & \Gamma_2 & 0 \\ * & * & * & \Gamma_3 \end{bmatrix} \zeta(k) \tag{6.45}$$

其中

$$\Omega_1 = \bar{A}^{\mathrm{T}} P \bar{A} - P + Q_1 + Q_2 + lQ_3 + l\tau_{12}Q_3 + (\bar{A}-I)^{\mathrm{T}}(\tau_1^2 Z_1 + l\tau_{12}^2 Z_2)(\bar{A}-I) - Z_1$$

$$\Omega_2 = \Phi^{\mathrm{T}}(\mathcal{H}) P \Phi(\mathcal{H}) - \Psi_1 + \Phi^{\mathrm{T}}(\mathcal{H})(\tau_1^2 Z_1 + l\tau_{12}^2 Z_2)\Phi(\mathcal{H})$$

$$\Omega = \bar{A}^{\mathrm{T}} P \Phi(\mathcal{H}) + (\bar{A}-I)^{\mathrm{T}}(\tau_1^2 Z_1 + l\tau_{12}^2 Z_2)\Phi(\mathcal{H})$$

显然, 若 $\Xi < 0$ 成立, 则 $\Delta V(k) < 0$ 亦成立, 进而当 $v(k) = 0$ 时, RFDF 的动态系统 (6.29) 是渐近稳定的。

接下来讨论 $v(k) \neq 0$ 时, 系统 (6.29) 在初始条件下的性能。对于任意的 $T > 0$, 考虑如下性能指标, 即

$$J_T = \sum_{k=0}^{T} \left(\frac{1}{n} \tilde{r}^{\mathrm{T}}(k) \tilde{r}(k) - \gamma^2 v^{\mathrm{T}}(k) v(k) \right) \tag{6.46}$$

进而可得下式, 即

$$\begin{aligned} J_T &= \sum_{k=0}^{T} \left(\frac{1}{n} \tilde{r}^{\mathrm{T}}(k) \tilde{r}(k) - \gamma^2 v^{\mathrm{T}}(k) v(k) + \Delta V(k) \right) - V(T+1) \\ &\leqslant \sum_{k=0}^{T} \left(\frac{1}{n} \tilde{r}^{\mathrm{T}}(k) \tilde{r}(k) - \gamma^2 v^{\mathrm{T}}(k) v(k) + \Delta V(k) \right) \\ &= \xi^{\mathrm{T}}(k) \tilde{\Xi} \xi(k) \end{aligned} \tag{6.47}$$

其中

$$\tilde{\Xi} = \begin{bmatrix} \Xi + \Sigma & \Sigma_1^{\mathrm{T}} \\ * & \Sigma_2 \end{bmatrix}$$

$$\Sigma = \begin{bmatrix} \tilde{\Sigma} & 0 \\ * & 0 \end{bmatrix}$$

$$\tilde{\Sigma} = \frac{1}{n} \begin{bmatrix} \bar{A}_{vc}^{\mathrm{T}} \bar{A}_{vc} & \bar{A}_{vc}^{\mathrm{T}} \Phi(\mathcal{M}) \\ * & \Phi^{\mathrm{T}}(\mathcal{M})\Phi(\mathcal{M}) \end{bmatrix}$$

$$\Sigma_1 = \begin{bmatrix} \Sigma_{11} & \Sigma_{12} & 0 & 0 \end{bmatrix}$$

$$\Sigma_{11} = -\bar{B}_{fw}^{\mathrm{T}} P\bar{A} - \bar{B}_{fw}^{\mathrm{T}}(\tau_1^2 Z_1 + l\tau_{12}^2 Z_2)(\bar{A} - I) - \frac{1}{n}\bar{B}_1^{\mathrm{T}}\bar{A}_{vc}$$

$$\Sigma_{12} = -\bar{B}_{fw}^{\mathrm{T}} P\Phi(\mathcal{H}) - \bar{B}_{fw}^{\mathrm{T}}(\tau_1^2 Z_1 + l\tau_{12}^2 Z_2)\Phi(\mathcal{H}) - \frac{1}{n}\bar{B}_1^{\mathrm{T}}\Phi(\mathcal{M})$$

$$\Sigma_2 = \bar{B}_{fw}^{\mathrm{T}} P\bar{B}_{fw} + \bar{B}_{fw}^{\mathrm{T}}(\tau_1^2 Z_1 + l\tau_{12}^2 Z_2)\bar{B}_{fw} + \frac{1}{n}\bar{B}_1^{\mathrm{T}}\bar{B}_1 - \gamma^2 I$$

由式 (6.47) 中 $J_T < 0$，需要满足 $\tilde{\Xi} < 0$，利用 Schur 补引理及引理 6.2，可以将非线性矩阵不等式 $\tilde{\Xi} < 0$ 转化为式 (6.35) 的 LMI 形式，保证基于传感器网络的闭环 RFDF 系统是渐近稳定的。同时，由定理 6.3可得，对于 $i \in \mathcal{V}, j \in \mathcal{N}_i$ 时的残差权重矩阵 V_i 和 M_{ij}，以及分布式滤波器增益矩阵 E_i 和 H_{ij}。

证毕.

注释 6.5 新构建的基于传感器网络 DRFDF，利用传感器网络一致性估计策略，可以很大限度地减少带宽的使用。特别是，在部分相邻传感器节点进行通信的情况下，更能体现此分布式滤波器的优势。在分布式滤波器稳定性分析方面，将分布式故障检测动态系统 (6.29) 等价为一个多时滞系统，通过构造保守性更小的 L-K 泛函，推导出渐近稳定的充分条件。同时，将非线性矩阵不等式通过引理 6.2转化为 LMI 的形式可以降低计算的复杂度，易于求解。此外，设计了保证分布式故障检测动态系统 (6.29) 稳定时滤波器增益矩阵和残差加权矩阵。

6.3.3 仿真研究

本节通过仿真验证基于传感器网络一致性估计策略的 DFDF 有效性。考虑离散线性时不变系统 (6.26)，给定其参数为

$$A = \begin{bmatrix} 0.5 & 0.1 & 0.1 \\ -0.1 & 0.16 & 1 \\ 0.1 & -0.12 & 0.8 \end{bmatrix}; \quad B = \begin{bmatrix} 0.2 & 0.1 \\ -0.1 & -0.1 \\ -0.1 & 0.8 \end{bmatrix}$$

$$B_f = \begin{bmatrix} 0.12 & 0.1 \\ 0.8 & -0.15 \\ -0.15 & 0.2 \end{bmatrix}; \quad B_w = \begin{bmatrix} 0.15 & 0.3 & -0.1 \\ 0.1 & 0 & 0.12 \\ -0.8 & 0.8 & -0.1 \end{bmatrix}$$

3 个节点的 DRFDF 传感器网络有向连通交互图如图 6.6所示。

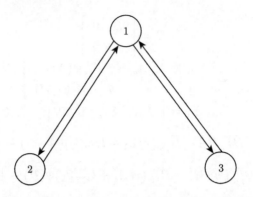

图 6.6　3 个节点的 DRFDF 传感器网络有向连通交互图

选择 $C_1 = \begin{bmatrix} 0.01, & 0, & 0 \end{bmatrix}$；$C_2 = \begin{bmatrix} 0, & 0.01, & 0 \end{bmatrix}$；$C_3 = \begin{bmatrix} 0, & 0, & 0.01 \end{bmatrix}$；$C_{31} = [C_1; C_2]$；$C_{13} = [C_2; C_3]$；$C_{12} = C_3$；$C_{21} = C_1$。假设 H_∞ 性能指标 $\gamma = 1.3$、$\tau_2 = 3$ 和 $\tau_1 = 1$。

为验证设计的 DRFDF 性能，考虑未知输入向量 $w(k)$，它可以表示传感器网络数据传输过程中产生的冗余或重复数据，或者外部环境引起的干扰噪声等。其具体形式为

$$w(k) = \begin{cases} [\exp(-k)\ \exp(-0.8k)\ \exp(-0.5k)], & k = 0, 1, \cdots, 350 \\ 0, & \text{其他} \end{cases}$$

故障信号 $f(k)$ 主要由元器件磨损及人工操作不当等引起，可描述为

$$f(k) = \begin{cases} [0.14\ 0.3\sin(5k)], & k = 100, 101, \cdots, 150 \\ 0, & \text{其他} \end{cases}$$

给定初始条件为 $e(k) = [-0.8\ 0.1\ 1.8\ 0.2\ -1.2\ 0.3\ 0.1\ -1.2\ 0.2]$，$r(k) = 0$，$k \in \mathbf{Z}^-$。根据定理 6.3可得分布式滤波器增益矩阵 E_i、H_{ij}，以及残差加权矩阵 V_i 和 M_r，$i \in \mathcal{V}$，$j \in \mathcal{N}_i$，$r \in \{1, 2, \cdots, l\}$ 分别为

$$E_1 = \begin{bmatrix} 126.5882 \\ -423.4543 \\ -111.5064 \end{bmatrix}; \quad E_2 = \begin{bmatrix} 38.0771 \\ 119.1116 \\ -2.5474 \end{bmatrix}; \quad E_3 = \begin{bmatrix} -83.8447 \\ 564.2165 \\ 113.2786 \end{bmatrix}$$

$$H_{31} = \begin{bmatrix} -8.2241 & -0.3087 \\ -81.5054 & -4.0803 \\ -7.7949 & -0.4185 \end{bmatrix}; \quad H_{13} = \begin{bmatrix} 1.0554 & -9.2491 \\ -8.2408 & 72.3471 \\ -1.2746 & 11.1700 \end{bmatrix}$$

$$H_{12} = \begin{bmatrix} 0.7570 \\ -4.9939 \\ -0.9046 \end{bmatrix}; \quad H_{21} = \begin{bmatrix} -5.8529 \\ -4.4617 \\ 1.7013 \end{bmatrix}$$

$$V_1 = \begin{bmatrix} 0.0073 \\ -0.0004 \end{bmatrix}; \quad V_2 = 10^{-3} \times \begin{bmatrix} -0.6338 \\ -0.0331 \end{bmatrix}; \quad V_3 = 10^{-3} \times \begin{bmatrix} 0.1281 \\ -0.1706 \end{bmatrix}$$

$$M_1 = \begin{bmatrix} -0.0016 & 0.0002 \\ -0.0017 & 0.0001 \end{bmatrix}; \quad M_2 = \begin{bmatrix} 0.0004 & -0.0034 \\ -0.0003 & 0.0026 \end{bmatrix}$$

$$M_3 = \begin{bmatrix} -0.0050 \\ 0.0015 \end{bmatrix}; \quad M_4 = \begin{bmatrix} -0.0004 \\ -0.0003 \end{bmatrix}$$

记第 i 个 RFDF 的估计状态与实际状态误差 e_i 的第 j 个元素为 e_i^j，即第 j 维状态误差。同时记 r_i^j 为第 i 个基于传感器网络的 RFDF 残差信号 r_i 的第 j 个元素，$i = 1, 2, 3$。如图 6.7所示，第一维状态误差 e_i^1 轨迹逐渐趋于零 $(i = 1, 2, 3)$，同理第二维和第三维的状态误差轨迹也会得到类似结果。图 6.8分别描述了残差信号 r_i^1 和 r_i^2 的变化轨迹 $(i = 1, 2, 3)$。以第一个网络节点的 RFDF 为例，残差估计函数 $J_T^1(r_1)$ 和残差信号 r_1^1 的变化如图 6.9所示。

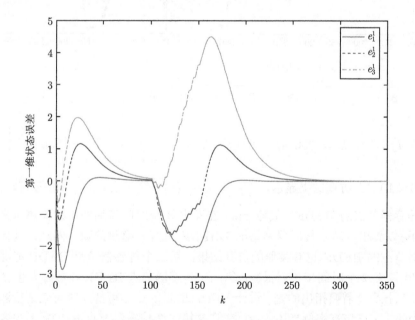

图 6.7　3 个传感器节点的 RFDF 中第一维状态误差

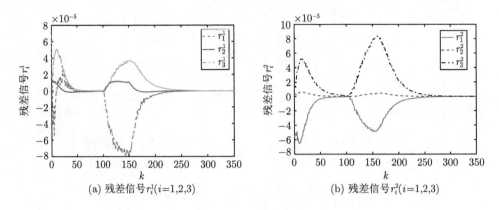

(a) 残差信号 $r_i^1(i=1,2,3)$　　　　　　(b) 残差信号 $r_i^2(i=1,2,3)$

图 6.8　3 个传感器节点的 RFDF 残差信号

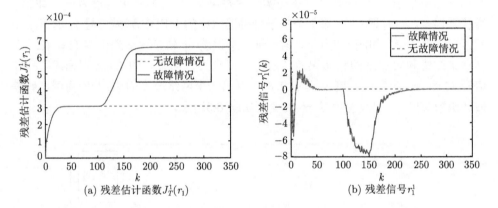

(a) 残差估计函数 $J_T^1(r_1)$　　　　　　(b) 残差信号 r_1^1

图 6.9　第一个传感器节点 RFDF 的残差估计函数 $J_T^1(r_1)$ 和残差信号 r_1^1

当 $l_0 = 0$, $L = 350$ 时, 可计算 $J_{\text{th}}^1 = \sup\limits_{\omega \in l_2, f=0} \left\{ \sum\limits_{k=l_0}^{l_0+350} r_1^{\text{T}}(k) r_1(k) \right\}^{1/2} =$

3.0399×10^{-3}。仿真结果显示，$\sum\limits_{k=l_0}^{103} \left\{ r_1^{\text{T}}(k) r_1(k) \right\}^{1/2} = 3.0401 \times 10^{-3}$，即对于第

一个传感器节点的 RFDF，故障 $f(k)$ 在发生 3 个时间步后即可被检测出来。从图 6.9可以看出，基于传感器网络的 DRFDF 可有效检测故障。同理，其他两个传感器节点的 RFDF 也有类似的仿真结果。第二个传感器节点 RFDF 能够在故障 $f(k)$ 发生 2 个时间步长后报警。第三个传感器节点 RFDF 在故障发生 7 个时间步长后报警。需要指出的是，设计 RFDF 的目的是尽可能及时有效地检测出故障。因此，在该仿真实例当中，会优先选择第二个传感器节点 RFDF 的报警信息对故障进行报警，仿真结果显示在故障发生 2 个时间步长后，利用本节设计的基于一致性估计策略的 DRFDF 可以及时、有效地检测出故障。

6.4　本　章　小　结

本章针对有损传感器网络下的离散时滞系统开展分布式滤波及故障检测两方面的研究。一方面，针对随机切换拓扑结构下的有损传感器网络，研究基于事件触发的离散时滞系统分布式 H_∞ 一致性滤波问题。对于每个传感器节点，事件触发机制决定输出测量是否发送。设计分布式滤波器可以确保整个滤波动态系统是随机稳定的且满足分布式 H_∞ 平均一致性限制条件，并给出充分可解的稳定性条件。仿真结果验证了所提出方法的有效性。另一方面，在带有诱导时滞和丢包的传感器网络环境下，针对离散线性时不变系统，将一致性策略应用于传感器网络的故障检测中，借助相邻传感器节点上的估计值交互，设计基于观测器的 DRFDF，实现传感器节点上的局部观测器对系统实际状态进行估计，并利用设计的 DRFDF产生残差信号，同时给出基于传感器网络的 RFDF 的残差评价方法，可以及时有效地检测出故障。在稳定性分析方面，将带有诱导时滞和丢包的分布式故障检测动态系统等效转化成多时滞系统，利用 L-K 泛函稳定性理论，推导出保守性更小的 LMI 形式的稳定性条件，同时设计观测器增益矩阵和残差加权矩阵。仿真实验验证了基于传感器网络的 DFDF 能够及时有效地检测出故障。

参 考 文 献

[1] Yu W, Chen G, Wang Z, et al. Distributed consensus filtering in sensor networks. IEEE Transactions on Systems, Man, and Cybernetics, Part B: Cybernetics, 2009, 39(6): 1568–1577.

[2] Su X, Wu L, Shi P. Sensor networks with random link failures: distributed filtering for T-S fuzzy systems. IEEE Transactions on Industrial Informatics, 2013, 9(3): 1739–1750.

[3] Shen B, Wang Z, Liu X. A stochastic sampled-data approach to distributed H_∞ filtering in sensor networks. IEEE Transactions on Circuits and Systems, 2011, 58(9): 2237–2246.

[4] Shen B, Wang Z, Hung Y S. Distributed H_∞-consensus filtering in sensor networks with multiple missing measurements: the finite-horizon case. Automatica, 2010, 46(10): 1682–1688.

[5] Dong H, Wang Z, Gao H. Distributed H_∞ filtering for a class of Markovian jump nonlinear time-delay systems over lossy sensor networks. IEEE Transactions on Industrial Electronics, 2013, 60(10): 4665–4672.

[6] Dong H, Wang Z, Lam J, et al. Distributed filtering in sensor networks with randomly occurring saturations and successive packet dropouts. International Journal of Robust and Nonlinear Control, 2014, 24(12): 1743–1759.

[7] Olfati-Saber R. Distributed Kalman filtering for sensor networks// Proceedings of the 46th IEEE Conference on Decision and Control, 2007: 5492–5498.

[8] Ugrinovskii V. Distributed robust filtering with H_∞ consensus of estimates. Automatica, 2011, 47(1): 1–13.

[9] Wei G, Wang Z, Shu H. Robust filtering with stochastic nonlinearities and multiple missing measurement. Automatica, 2009, 45(3): 836–841.

[10] Gu K Q. An integral inequality in the stability problem of time-delay systems//Proceedings of the 39th IEEE Conference on Decision and Control, Sydney, 2000: 2805–2810.

[11] Shao H Y, Han Q L. New stability criteria for linear discrete-time systems with interval-like time-varying delays. IEEE Transactions on Automatic Control, 2011, 56(3): 619–625.

[12] Li X W, Gao H J. A new model transformation of discrete-time systems with time-varying delay and its application to stability analysis. IEEE Transactions on Automatic Control, 2011, 56(9): 2172–2178.

[13] Millán P, Orihuela L, Vivas C, et al. Distributed consensus-based estimation considering network induced delays and dropouts. Automatica, 2012, 48(10): 2726–2729.

[14] Jiang Y, Liu J, Wang S. A consensus-based multi-agent approach for estimation in robust fault detection. ISA Transactions, 2014, 53(5): 1562–1568.

[15] Wang X, Lemmon M. Event-triggering in distributed networked control systems. IEEE Transactions on Automatic Control, 2011, 56(3): 586–601.

[16] Zhang X M, Han Q L. Event-based H_∞ filtering for sampled-data systems. Automatic, 2015, 51: 55–69.

[17] Meng X, Chen T. Event triggered robust filter design for discrete-time systems. IET Control Theory and Applications, 2014, 8(2): 104–113.

[18] Peng C, Han Q L, Yue D. To transmit or not to transmit: a discrete event-triggered communication scheme for networked Takagi-Sugeno fuzzy systems. IEEE Transactions on Fuzzy Systems, 2013, 21(1): 164–170.

[19] Peng C, Han Q L. A novel event-triggered transmission scheme and $\mathcal{L}_2$ control co-design for sampled-data control systems. IEEE Transactions on Automatic Control, 2013, 58(10): 2620–2626.

[20] Ge X, Han Q L. Distributed event-triggered H_∞ filtering over sensor networks with communication delays. Information Sciences, 2015, 291: 128-142.

[21] Guo G, Ding L, Han Q L. A distributed event-triggered transmission strategy for sampled-data consensus of multi-agent systems. Automatica, 2014, 50(5): 1489-1496.

[22] Ding L, Guo G. Distributed event-triggered H_∞ consensus filtering in sensor networks. Signal Processing, 2015, 108: 365–375.

[23] Ding L, Han Q L, Guo G. Network-based leader-following consensus for distributed multi-agent systems. Automatica, 2013, 49(7): 2281–2286.

[24] Feng J, Li N. Observer-based event-driven fault-tolerant control for a class of system with state-dependent uncertainties. International Journal of Control, 2017, 90(5): 950–960.

[25] Yue D, Tian E, Han Q. A delay system method for designing event-triggered controllers of networked control systems. IEEE Transactions on Automatic Control, 2013, 58(2): 475–481.

[26] Wang S, Wang Y, Jiang Y, et al. Event-triggered based distributed H_∞ consensus filtering for discrete-time delayed systems over lossy sensor network. Transactions of the Institute of Measurement and Control, 2018, 40(9): 2740–2747.

[27] 姜玉莲. 多智能体一致性若干问题的研究. 沈阳：东北大学, 2014.

[28] Chen J M, Cao X H, Cheng P, et al. Distributed collaborative control for industrial automation with wireless sensor and actuator networks. IEEE Transactions on Industial Electronics, 2010, 57(12): 4219–4230.

[29] Hou L Q, Bergmann N W. Novel industrial wireless sensor networks for machine condition monitoring and fault diagnosis. IEEE Transactions on Instrumentation and Measurement, 2012, 61(10): 2787–2798.

[30] Olfati-Saber R, Murray R M. Consensus problem in networks of agents with switching topology and time-delays. IEEE Transactions on Automatic Control, 2004, 49(9): 1520–1533.

[31] Olfati-Saber R. Flocking for multi-agent dynamic systems: algorithms and theory. IEEE Transactions on Automatic Control, 2006, 51(3): 401–420.

[32] Lin P, Jia Y M. Distributed rotating formation control of multi-agent systems. Systems and Control Letters, 2010, 59(10): 587–595.

[33] Ren W, Beard R W. Consensus seeking in multiagent systems under dynamically changing interaction topologies consensus seeking in multiagent systems under dynamically changing interaction topologies. IEEE Transactions on Automatic Control, 2005, 50(5): 655–661.

[34] Liu S, Xie L H, Zhang H S. Distributed consensus for multi-agent systems with delays and noises in transmission channels. Automatica, 2011, 47(5): 920–934.

[35] Su Y F, Huang J. Stability of a class of linear switching systems with application to two consensus problems. IEEE Transactions on Automatic Control, 2012, 57(6): 1420–1430.

[36] Zhong M Y, Ding S X, Lam J, et al. An LMI approach to design robust fault detection filter for uncertain LTI systems. Automatica, 2003, 39(3): 543–550.

[37] Wang D, Wang W, Shi P. Robust fault detection for switched linear systems with state delays. IEEE Transactions on Systems, Man, and Cybernetics, Part B: Cybernetics, 2009, 39(3): 800–805.

[38] Zhang P, Ding S X, Liu P. A lifting based approach to observer based fault detection of linear periodic systems. IEEE Transactions on Automatic Control, 2012, 57(2): 457–462.

[39] Boyd S, Ghaoui L E, Feron E, et al. Linear Matrix Inequalities in System and Control Theory. Philadelphia: SIAM, 1994.

[40] Chen Q X, Yu L, Zhang M A. Delay-dependent output feedback guaranteed cost control for uncertain discrete-time systems with multiple time-varying delays. IET Control Theory and Application, 2007, 1(1): 97–103.

[41] Wang S, Jiang Y, Li Y. Distributed H_∞ consensus fault detection for uncertain T-S fuzzy systems with time-varying delays over lossy sensor networks. Asian Journal of Control, 2018, 20(6): 2171–2184.

[42] Davoodi M, Meskin N, Khorasani K. Simultaneous fault detection and consensus control design for a network of multi-agent systems. Automatica, 2016, 66: 185–194.

[43] Davoodi M, Khorasani K, Talebi H, et al. Distributed fault detection and isolation filter design for a network of heterogeneous multiagent systems. IEEE Transactions on Control Systems Technology, 2014, 22(3): 1061–1069.

[44] Zhang K, Jiang B, Cocquempot V. Adaptive technique-based distributed fault estimation observer design for multi-agent systems with directed graphs. IET Control Theory and Applications, 2015, 9(18): 2619–2625.

[45] Jiang X, Han Q L, Yu X. Stability criteria for linear discrete-time systems with interval-like time-varying delay// Proceedings of the American Control Conference, Portland, 2005: 2817–2822.

[46] Guerra T M, Kruszewski A, Vermeiren L, et al. Conditions of output stabilization for nonlinear models in the Takagi-Sugeno's form. Fuzzy Sets and Systems, 2006, 157(9): 1248–1259.

编 后 记

　　《博士后文库》（以下简称《文库》）是汇集自然科学领域博士后研究人员优秀学术成果的系列丛书。《文库》致力于打造专属于博士后学术创新的旗舰品牌，营造博士后百花齐放的学术氛围，提升博士后优秀成果的学术和社会影响力。

　　《文库》出版资助工作开展以来，得到了全国博士后管委会办公室、中国博士后科学基金会、中国科学院、科学出版社等有关单位领导的大力支持，众多热心博士后事业的专家学者给予积极的建议，工作人员做了大量艰苦细致的工作。在此，我们一并表示感谢！

《博士后文库》编委会